Análisis de la Supervivencia:
Regresión de Cox

Rafael C. Álvarez Cáceres

Análisis de la Supervivencia:
Regresión de Cox

Ediciones Alfanova

Análisis de la Supervivencia: Regresión de Cox

Primera edición

Rafael C. Álvarez Cáceres

Impreso en España

© Rafael C. Álvarez Cáceres
Primera edición Ediciones Alfanova, 2013
Segunda edición Ediciones Alfanova 2015
Tercera edición Ediciones Alfanova 2017
Cuarta edición Rafael C. Álvarez Cáceres Kindle 2023

ISBN: 9798399547930

SPSS es marca registrada de SPSS inc, Chicago.

Quedan rigurosamente prohibidas, sin la autorización por escrito de los titulares del copyright, bajo las sanciones establecidas por las leyes, la reproducción parcial o total de esta obra por cualquier medio o procedimiento, comprendidos la reprografía y el tratamiento informático, y la distribución de ejemplares de esta edición mediante alquiler o préstamos públicos.

A mi mujer, a mis hijos y a mis nietos

Índice de materias

Introducción ....

Capítulo 1 1

Análisis de la supervivencia 1

  1.1 Introducción.- 1

    Tiempo de vida o de supervivencia.- 2

    Tiempo de espera.- 2

    Tiempo de respuesta.- 2

  1.2 Casos completos y casos censados (censored).- 3

  1.3 Análisis de la supervivencia.- 6

  1.4 Funciones de interés en análisis de la supervivencia.- 8

    1.4.1 Función de probabilidad.- 9

    1.4.2 Función de supervivencia.- 11

    1.4.3 Función de riesgo (Hazard funtion).- 13

    1.4.4 Relación entre las funciones.- 14

  1.5 Evaluación del tiempo como variable discreta.- 14

  1.6 Cálculos más frecuentes en curvas de supervivencia.- 17

  Ejercicios 20

  Bibliografía 22

Capítulo 2 23

Estimación de la función de supervivencia 23

2.1 Métodos no paramétricos.- 23

2.1.1 El método actuarial.- 23

2.1.2 El método de Kaplan Meier.- 36

2.3 Métodos paramétricos.- 45

La función exponencial.- 46

La función de Weibull.- 47

Función log-logística.- 48

La función lognormal.- 48

La función Gamma.- 49

Ejercicios 50

Bibliografía 51

Capítulo 3 53

Comparación de curvas de supervivencia 53

3.1 Aspectos generales.- 53

3.2 Significación clínica y significación estadística.- 53

3.3 Análisis de curvas de supervivencia.- 54

3.3.1 Principales técnicas estadísticas utilizadas en la comparación de supervivencias.- 55

3.3.2 Comparación de supervivencias en un instante determinado.- 58

3.3.3 Análisis del riesgo a partir de curvas de supervivencia.- 59

3.3.4 Comparación global de curvas de supervivencia.- 62

3.4 Interacción y confusión entre variables.- 63

3.5 Comparación de curvas de supervivencia con SPSS.- 64

3.5.1 Curvas de supervivencia estimadas mediante el método actuarial. Prueba de Wilcoxon Gehan.- 64

3.5.2 Comparación de curvas de supervivencia estimadas mediante el método de Kaplan Meier. Prueba del Rango Logarítmico (Log Rank).- 73

3.5.3 Análisis estadístico estratificado con SPSS.- 78

Ejercicios 85

Bibliografía 86

Capítulo 4 87

Análisis de la supervivencia multivariante 87

Modelos de riesgos proporcionales regresión de Cox: 87

4.1 El modelo de Cox.- 87

4.2 Estimación de los coeficientes, β, de las variables independientes del tiempo.- 91

4.3 Cálculo de riesgos relativos instantáneos, *hazard ratio*, mediante el modelo de Cox.- 92

4.4 Contraste de hipótesis.- 95

4.4.1 Prueba de Wald.- 97

4.4 Intervalos de confianza de los coeficientes.- 99

4.6 Interacción.- 100

4.7 Confusión.- 103

4.8 Regresión de Cox con SPSS.- 103

Ejercicios 112

Bibliografía 113

Capítulo 5 115

Modelos de riesgos proporcionales: regresión de Cox 115

Variables dummy. 115

Covariables dependientes del tiempo. 115

Diagnóstico del modelo: residuos. 115

    5.1 Variables Dummy, ficticias.- 116

        5.1.1.- Variables Dummy con SPSS.- 120

    5.2 Covariables dependientes del tiempo.- 125

        5.2.1 Covariables dependientes del tiempo con SPSS.- 126

    5.3.- Diagnóstico del modelo.- 130

        5.3.1 Asunciones del modelo.- 130

        5.3.2 Condiciones de aplicabilidad del modelo con SPSS.- 130

    5.4 Bondad del ajuste: análisis de residuos.- 134

        5.4.1 Análisis de residuos de modelos de Cox con SPSS.- 136

    5.5 Estrategias de modelización.- 137

    Ejercicios 139

    Bibliografía 140

Capítulo 6 141

El análisis de la supervivencia en los Ensayos Clínicos ... 141

    6.1 El Análisis de la Supervivencia y los Ensayos Clínicos.- 141

    6.2 Ensayos clínicos.- 142

    6.3 Análisis de datos en los Ensayos Clínicos.- 143

    6.4 Eventos temporales de interés en los Ensayos Clínicos.- 147

6.5 Análisis del riesgo en los ensayos clínicos.- 151

    6.5.1 Parámetros más utilizados en el análisis del riesgo en los ensayos clínicos.- 152

6.6 Análisis del riesgo a partir de curvas de supervivencia.- .. 160

Ejercicios 162

Bibliografía 164

Solución a los ejercicios 167

Capítulo 1: 167

    Ejercicio 1.1.- 167

    Ejercicio 1.2.- 167

    Ejercicio 1.3 .- 168

Capítulo 2: 169

    Ejercicio 2.1.- 169

    Ejercicio 2.2.- 172

Capítulo 3: 175

    Ejercicio 3.1.- 175

    Ejercicio 3.2.- 176

Capítulo 4: 186

    Ejercicio 4.1.- 186

    Ejercicio 4.2.- 187

    Ejercicio 4.3.- 187

Capítulo 5: 194

    Ejercicio 5.1.- 194

    Ejercicio 5.2.- 198

    Ejercicio 5.3.- 204

Capítulo 6: 206
    Ejercicio 6.1.- 206
    Ejercicio 6.2.- 208

Introducción

El análisis de la supervivencia, incluyendo la regresión de Cox, es una técnica estadística que cada vez se utiliza más en investigación aplicada a materias diversas; entre las que se pueden destacar las ciencias de la salud, el control de calidad, física, química, economía... Una de las razones de que no se utilice todavía más, es que se fundamenta en complejos principios matemáticos. Debido a ello la bibliografía es difícil de entender por personas que no tengan amplios conocimientos matemáticos.

En éste libro se abordan todos los temas que se utilizan habitualmente en estadística e investigación aplicada cuando es útil el análisis de la Supervivencia incluyendo la regresión de Cox. Es un libro práctico en el que se resuelven numerosos ejemplos.

Es prácticamente imposible debido a su complejidad resolver problemas mediante análisis de la supervivencia sin utilizar paquetes estadísticos. Son muchos los que hay en el mercado, en este libro se ha utilizado SPSS, pero las salidas de resultados son muy similares, aprendiendo a resolver los ejercicios realizados en éste libro es casi inmediato poder hacerlo con los principales paquetes estadísticos informatizados.

Muchos ejemplos se resuelven utilizando ficheros en formato SPSS Windows, pueden obtenerse en la siguiente dirección:

Rafael C. Álvarez Cáceres

Capítulo 1

Análisis de la supervivencia

En este capítulo se analizan los conceptos fundamentales y las aplicaciones más importantes del análisis de la supervivencia; y las definiciones de caso completo y censado. También se estudian las funciones de probabilidad, supervivencia, y riesgo. Los cálculos a partir de curvas de supervivencia cierran el capítulo.

1.1 Introducción.- El tiempo que transcurre hasta que ocurre un determinado evento o entre dos sucesos, es una variable de interés en muchos estudios que se realizan en disciplinas muy diversas, como ciencias de la salud, física, economía, industria, etc. A éste tipo de análisis se le suele denominar de la supervivencia, porque se desarrolló para estudiar el tiempo de vida útil de artilugios. Un ejemplo muy conocido es el estudio de las bombillas, a fin de conocer qué tipo de filamento era el más duradero. Después se comenzó a utilizar para muchas otras investigaciones en las que el evento de interés no solo era la vida de una persona, un animal o la duración de un mecanismo.

Dependiendo del tipo de estudio que se esté realizando, al periodo de tiempo que transcurre hasta que se observa el suceso de interés es más correcto denominarle de manera adecuada a su naturaleza. No es lo mismo el tiempo que pasa hasta que se produce un fallecimiento que la duración del efecto de un medicamento. Se pueden distinguir, fundamentalmente, los siguientes tipos:

I) Tiempo de vida o de supervivencia.

II) Tiempo de espera.

III) Tiempo de respuesta.

Tiempo de vida o de supervivencia.- Al periodo de tiempo que tarda en producirse la muerte, desaparición o fallo irreparable de un ente material o abstracto desde un instante determinado, se le denomina tiempo de vida o de supervivencia. Los casos más frecuentes son: el tiempo que transcurre hasta la muerte de un ser vivo, el que tarda un órgano trasplantado en fracasar, la duración útil de una máquina, el periodo hasta el cierre de una empresa, etc.

Tiempo de espera.- Al periodo de tiempo que transcurre desde un instante determinado hasta que se observa un suceso que no sea la muerte o desaparición de una determinada entidad se le denomina tiempo de espera. Por ejemplo, tiempo hasta que una persona contrae una enfermedad determinada, periodo entre dos crisis epilépticas, periodo de tiempo hasta que se avería un aparato, etc.

Tiempo de respuesta.- Al tiempo que tarda en ocurrir un suceso desde que se aplica un estímulo se le denomina tiempo de respuesta. Por ejemplo, tiempo que tarda en curar o mejorar un paciente tras aplicarle un determinado tratamiento, tiempo que tarda un servicio de urgencias en acudir a una demanda de asistencia, tiempo en obtener ganancias tras invertir un capital en una empresa, tiempo que tarda un ordenador en resolver un problema, etc.

En todos los casos anteriores la variable de interés es el tiempo, que es una variable continua y positiva; puede investigarse de dos maneras distintas:

a) Estudiar n elementos durante un tiempo determinado y registrar cuantos eventos suceden. Por ejemplo, seguir a un grupo de pacientes que tienen unas características determinadas, durante cinco años y anotar los que fallecen.

Hay dos modalidades de este tipo de estudios: I) El estudio comienza en una fecha para todos los individuos y tiene una duración determinada. Por ejemplo, el día uno de marzo del año 2013 un grupo de pacientes tienen una exposición a un tóxico, se les estudia durante seis meses, el evento de interés es la posible afectación hematológica. Es decir, se estudia el tiempo de respuesta a un tóxico de las células hematológicas. II). En la segunda modalidad el tiempo es el mismo para todos los elementos, aunque no se estudien simultáneamente. Por ejemplo, supongamos que se sigue, durante cinco años, a un grupo de individuos afectados de insuficiencia coronaria, a los que se les realiza una revascularización coronaria tipo bypass. El suceso de interés es padecer una crisis cardiaca; considerando tiempo cero, es decir, el origen temporal del estudio para cada paciente el momento en que se le practica la intervención. El tiempo de observación es el mismo para todos los individuos, suponiendo que no ocurra el evento y que sigan participando en el estudio. Si se comienza a seguir a un paciente el uno de enero de 2012 el seguimiento de dicho paciente termina el treinta y uno de diciembre de 2016, otro paciente que ingresara en el estudio el uno de enero de 2014 sería seguido hasta el treinta y uno de diciembre de 2018.

b) Observar a n elementos hasta que ocurre el evento de interés en un porcentaje determinado. Por ejemplo, seguir un grupo de personas diagnosticadas de un determinado tumor hasta que fallezcan el 50%, en éste caso se calcula el tiempo para la mediana de la mortalidad, o tiempo de supervivencia del 50%. Tratar a un grupo de pacientes que tienen cefalea hasta que desaparezca el dolor en un setenta y cinco por ciento...

1.2 Casos completos y casos censados (censored).-

A los elementos en que se observa el evento de interés, durante el tiempo del estudio, se les denomina casos completamente observados o, simplemente, casos completos. Los casos en que no se observa el suceso de interés durante el tiempo del estudio son denominados registrados o censados[1], éstos pueden ser por tres causas fundamentales:

---

[1] Los anglosajones usan el término censored que en español se traduce por censurado, es un término que puede ser equívoco, porque aunque en su quinta acepción el diccionario de la real academia de la lengua española lo acepta como registrado no es

1) Al finalizar el tiempo del estudio en algunos elementos no se observa el evento de interés. Por ejemplo, un grupo de pacientes afectados de cáncer de pulmón son seguidos durante sesenta meses, al finalizar el tiempo de observación los pacientes que no han fallecido son registrados, censados, censurados en t_{60}, es decir en ese tiempo fueron estudiados y no se había observado el evento, o sea, estaban vivos.

2) Algunos elementos se pierden durante la investigación. Por ejemplo, en un estudio el evento de interés es el tiempo que tarda un esquizofrénico en tener una recaída; se sigue a un grupo de pacientes durante veinticuatro meses. No se tienen datos de un paciente desde el duodécimo mes del estudio; en éste caso el individuo contabilizará para el estudio doce meses, que es el tiempo durante el que fue controlado y durante el cual no se observó el evento, es decir, no hubo recaída, es un caso censado, registrado, censurado en t_{12}, a partir de ese momento no se conoce el curso de la enfermedad.

3) El evento se observa, pero por causas distintas a las estudiadas. Un grupo de pacientes afectados de isquemia coronaria es seguido durante ciento veinte meses, siendo el evento de interés la muerte por causas coronarias. Un paciente fallece por una neumonía en el mes treinta y ocho del estudio. En éste caso se ha observado el evento de interés, el fallecimiento, pero no se contabiliza como caso completo porque la muerte no ha ocurrido por causas coronarias. Se anotará como caso censado, registrado, censurado en t_{38}, es decir durante los meses de observación.

Ejemplo 1.1.- Supongamos que en un estudio se sigue a cien individuos, a los que se ha realizado un trasplante de riñón, durante diez años. El suceso de interés es que el órgano trasplantado deje de tener una función útil. Al acabar el tiempo del estudio han fracasado treinta trasplantes, se ha perdido el contacto con quince individuos y dos han fallecido en accidentes de tráfico.

Los casos completos son los treinta en que se ha observado el suceso: el fracaso del riñón trasplantado. Los casos censados son

---

de uso habitual. Caso censurado, registrado o censado quiere decir que durante la observación no se produce el evento de interés.

setenta, de los cuales quince son debidos a que se ha perdido el contacto con ellos, cincuenta y tres han terminado el estudio sin que haya fracasado el trasplante y dos han fallecido sin haberse observado el evento.

Ejemplo 1.2.- En el gráfico siguiente se representa un estudio en el que se sigue la evolución clínica de un grupo de pacientes epilépticos, comienza en el mes cinco, mayo, del año 2011, se incluye a todos los pacientes seguidos en la unidad que hay en el momento de comenzar el estudio (cuatro pacientes) y los que se diagnostican durante el seguimiento (tres pacientes). El origen es el uno de mayo del año 2011, la duración es de 15 meses y el evento de interés es padecer una crisis comicial.

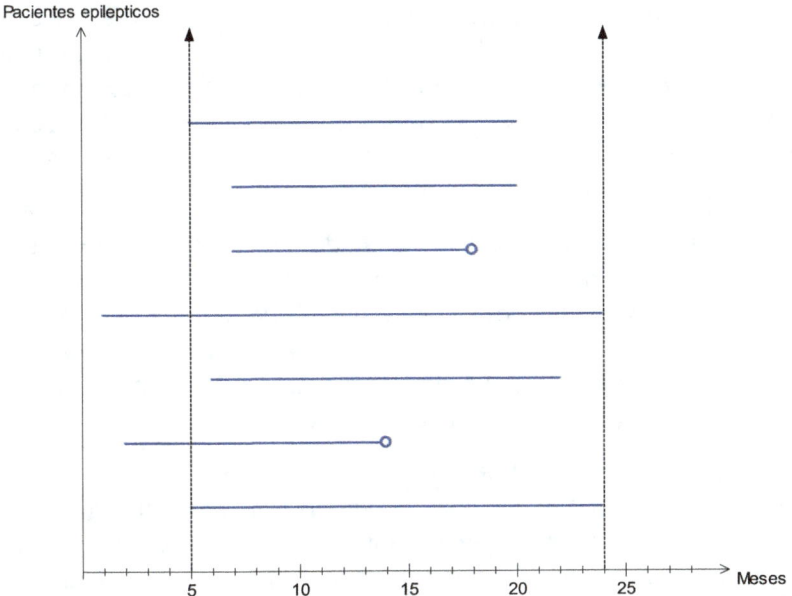

En el estudio participan siete pacientes, el evento se observa en dos de ellos, el 2º y el 5º, contando desde abajo; el pequeño círculo denota que ha ocurrido el evento.

Hay cinco casos censados: dos porque terminan el estudio sin que se observe el evento y otros tres porque abandonan antes de que finalice, la investigación. Durante el tiempo que permanecen en el estudio no padecen crisis epilépticas.

Hay dos casos truncados: el 2º y el 4º, es decir, habían comenzado el tratamiento antes del comienzo del estudio. Es relativamente frecuente que en los estudios de supervivencia haya casos truncados, esto es posible si hay datos clínicos que permitan conocer la evolución de los pacientes, con el mismo rigor que durante el estudio.

1.3 Análisis de la supervivencia.-

En los casos anteriores los tiempos podrían haberse estudiado usando la prueba de la t de Student, el análisis de la varianza, análisis de correlación u otras pruebas estadísticas, pero hay dos inconvenientes fundamentales:

a) El tiempo transcurrido hasta que se observa el suceso no suele distribuirse normalmente y en la mayoría de las pruebas estadísticas la variable de interés debe cumplir esta condición. Aunque ésta no es la objeción más importante porque con transformaciones adecuadas podría conseguirse la normalidad de la variable; además, se podrían utilizar métodos no paramétricos.

b) En los análisis estadísticos citados anteriormente solamente es posible el estudio de los casos completos pero no de los censados, porque de estos no se conoce el tiempo hasta que ocurre el evento. Por lo tanto, en caso de aplicar alguna de las pruebas estadísticas antedichas no se podría utilizar toda la información disponible, la cual si se puede aprovechar mediante pruebas específicas.

El análisis de la supervivencia es un conjunto de técnicas estadísticas que permiten estudiar la variable tiempo en situaciones como las descritas en los apartados anteriores. Para ello ésta variable no tiene que tener una distribución determinada y se pueden incluir en el análisis los casos completos y los censados.

Como se ha comentado anteriormente, hay muchos casos en que el periodo de tiempo estudiado no es el transcurrido hasta que se produce la muerte de un individuo o la avería irreparable de una máquina, pero a este conjunto de métodos estadísticos se le denomina análisis de la supervivencia, aunque esta calificación no siempre es correcta e incluso en ocasiones puede inducir a error.

En el análisis de la supervivencia son de interés los siguientes tipos de estudios:

I) Estimar la probabilidad de observar el evento en un tiempo dado a partir del comienzo del estudio.

II) Comparación de dos o más funciones de supervivencia.

III) Estudio de factores que modifican la función de supervivencia.

I) Estimar la probabilidad de observar el evento en un tiempo dado a partir del comienzo del estudio, t_0.- En este caso interesa conocer la función de supervivencia para una situación determinada. Una vez estimada se puede calcular la probabilidad de que ocurra el evento de interés en un instante dado o entre dos momentos concretos. El comienzo del estudio para cada elemento o individuo se denota mediante, t_0.

Por ejemplo, si se conoce la función de supervivencia de las bombillas de incandescencia que tienen un filamento de tungsteno, se puede calcular la probabilidad de que una bombilla dure 1000 horas o entre 1200 y 2000 horas.

Otro ejemplo, si se conoce la función de supervivencia de pacientes afectados de un tipo concreto de cáncer de pulmón, tratados con radioterapia y seguidos durante tres años, se puede calcular la probabilidad de que se produzca el fallecimiento de un individuo antes de un año o entre 18 y 24 meses.

Los métodos más utilizados para estimar la función de supervivencia son el actuarial y el de Kaplan Meier, que se estudian en el capítulo 2.

II) Comparación de funciones de supervivencia entre dos o más situaciones distintas.- En este caso interesa comparar las curvas que denotan el comportamiento de la variable tiempo, en situaciones con características diferentes.

Por ejemplo, comparar las curvas de supervivencia de bombillas que tienen tres tipos de filamentos distintos. El objetivo del estudio es conocer cual de los filamentos es más duradero.

Por ejemplo, comparar las funciones de supervivencia de dos grupos de pacientes afectados de linfoma de Hodgkin, a los que se aplican dos tratamientos quimioterápicos distintos, siendo el suceso de interés la remisión de la enfermedad. El objetivo principal del estudio es determinar si alguno de los tratamientos es más efectivo.

El método de comparación de funciones de supervivencia más utilizado es la prueba de Logrank, junto a otras pruebas que permiten comparar curvas de supervivencia se estudia en el capítulo 3.

III) Estudio de factores que modifican la función de supervivencia.- En muchas ocasiones es importante conocer si la observación del suceso depende de otras variables, además del tiempo.

Por ejemplo, en un análisis de la supervivencia de un grupo de pacientes afectados de un linfoma tipo Hodgkin tratados con quimioterapia, en el que el suceso de interés es la recidiva de la enfermedad después de conseguida la remisión, sería interesante conocer la influencia de otras variables, además del tiempo, como la edad del paciente, grado de afectación, tipo de celularidad, sexo, hábitos, etc.

La técnica más utilizada para realizar este tipo de estudios es el análisis de regresión de Cox que se estudia en los capítulos 4 y 5.

1.4 Funciones de interés en análisis de la supervivencia.- Las funciones de interés en el análisis de la supervivencia son: la función de probabilidad de que ocurra el suceso, la función de supervivencia y la función de riesgo. Todas las funciones anteriores lo son del tiempo.

El tiempo es una variable continua y positiva. Las referencias a $t=0$ deben entenderse de manera relativa, suele denotar el comienzo del estudio para todos los individuos, si comienza para todos los participantes en una fecha concreta o la fecha de comienzo para cada individuo, si el estudio comienza en fechas distintas para cada uno.

Por ejemplo, si se quiere estudiar la supervivencia después de ser diagnosticada una enfermedad determinada, los pacientes se incluyen en el estudio según se van diagnosticando. En este caso t=0 es el momento del diagnóstico para cada paciente.

1.4.1 Función de probabilidad.- La función probabilidad de que ocurra el suceso se denota mediante $f(t)^2$. Esta función se determina a partir del estudio de los tiempos de los individuos incluidos en un determinado estudio.

Como ocurre en todas las funciones de probabilidad, el área bajo la curva para todos los valores posibles de la variable, entre cero e infinito en este caso, $0 \leq t \leq \infty$, debe ser igual a 1. Recuerde que t = 0 significa el comienzo de la observación. Evidentemente en un tiempo infinito de observación si la probabilidad de que ocurra el suceso es mayor que cero, éste debe ser observado.

Matemáticamente los conceptos anteriores se expresan de la manera siguiente:

$$P(t) = \int f(t)\, d(t)$$

$$\int_0^\infty f(t)\, d(t) = 1$$

Por ejemplo, la probabilidad de observar el fallecimiento de un individuo por cualquier causa en un tiempo ilimitado es uno. Aquí el infinito hay que interpretarlo como observación sin límite temporal o

---

[2] En la notación utilizada en este libro el lector debe tener en cuenta que t se refiere a la variable tiempo y T a un periodo de tiempo, es decir, el tiempo que transcurre entre dos instantes determinados.

durante un tiempo lo suficientemente grande como para observar el evento.

Probabilidad de fallecimiento después diagnóstico

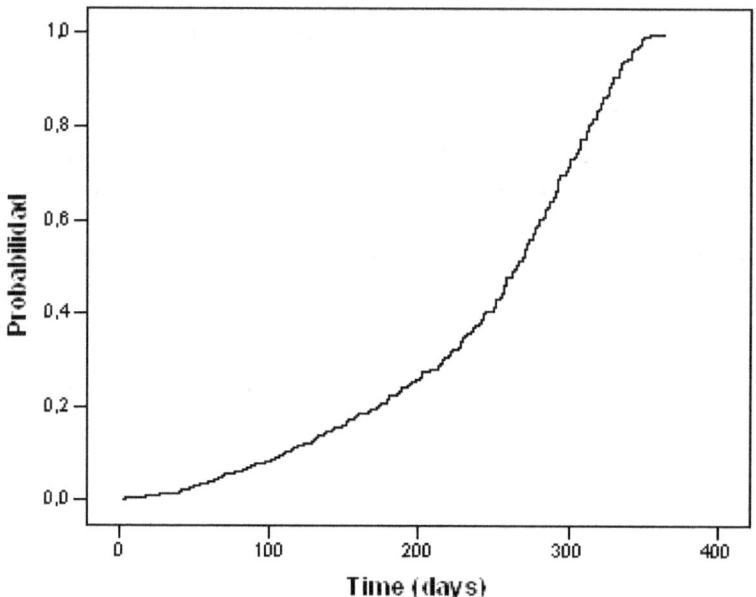

En el gráfico anterior se representa la función de probabilidad de un grupo de pacientes afectados de una enfermedad tumoral, obsérvese como la probabilidad de que ocurra el evento, en este caso la muerte, aumenta en función del tiempo.

La probabilidad de que en un elemento o individuo se observe el evento de interés en un periodo de tiempo determinado, delimitado por los instantes t_1 y t_2: $P(t_1 \leq t \leq t_2)$ puede calcularse mediante la siguiente expresión:

$$P(t_1 \leq t \leq t_2) = \int_{t_1}^{t_2} f(t)\, dt$$

Por ejemplo, si se quiere calcular la probabilidad de que recaiga un paciente afectado de trastorno bipolar, entre tres y diez meses después del último episodio de la enfermedad, puede expresarse de la manera siguiente:

$$P(3 \leq t \leq 10) = \int_{3}^{10} f(t)\, dt$$

A partir de la función de probabilidad puede calcularse la función de distribución acumulativa F(t), esta función permite calcular en cada instante la probabilidad de observar el suceso en un tiempo inferior a dicho instante. Matemáticamente esto puede expresarse de la siguiente manera:

$$F(t_k) = P(t \leq t_k) = \int_{0}^{t_k} f(t)\, dt$$

En la expresión anterior t_k representa un instante concreto. En análisis de la supervivencia la función de distribución acumulativa es la probabilidad de que ocurra un suceso en un tiempo determinado, a partir de un origen definido. Por ejemplo, la probabilidad de que una persona epiléptica recaiga antes de dos años, 24 meses.

$$F(24) = P(t \leq 24) = \int_{0}^{24} f(t)\, dt$$

Obsérvese que en este caso t_0, es cuando se alcanza la remisión de la última crisis epiléptica que padeció cada paciente que entra en el estudio. La expresión anterior es la probabilidad de que haya una recaída antes de que transcurran 24 meses desde la última crisis.

1.4.2 Función de supervivencia.- En análisis de la supervivencia más que la función de distribución acumulativa se utiliza su complementaria: la función de supervivencia a la que se denota mediante S(t). Si $F(t_k)$ es la probabilidad de que ocurra un suceso determinado en ese instante t_k o antes. La probabilidad de que no ocurra es $1 - F(t_k) = S(t_k)$, es decir, $S(t_k)$ es la probabilidad de sobrevivir un tiempo mayor que t_k.

Por ejemplo si F(34) es la probabilidad de que un mecanismo funcione sin averías 34 meses o menos, S(34) es la probabilidad de que no se averíe hasta transcurridos más de 34 meses.

La función de supervivencia permite calcular la probabilidad, en cada instante, de que el suceso ocurra después de dicho instante. La expresión matemática de la función de supervivencia es la siguiente:

$$S(t_k) = \int_{t_k}^{\infty} f(t)\, dt$$

Para t=0; S(t)=1 puesto que en este caso sería la probabilidad de que ocurra el suceso desde el comienzo del estudio t=0, hasta el infinito; entendiendo infinito como el tiempo necesario hasta que ocurra el evento. La expresión anterior es la probabilidad de que se observe el suceso de interés después del instante t_k.

Por ejemplo, la probabilidad de que el fallecimiento de un paciente afectado de cáncer de colón fallezca después de cinco años de ser diagnosticado, se puede definir mediante la siguiente expresión:

$$S(5) = \int_{5}^{\infty} f(t)\, dt$$

En el gráfico siguiente se representa la función de supervivencia calculada a partir de un grupo de pacientes HIV(+) después de no haber respuesta a una terapia determinada. Observe que la función de supervivencia siempre es descendente en relación al tiempo de observación.

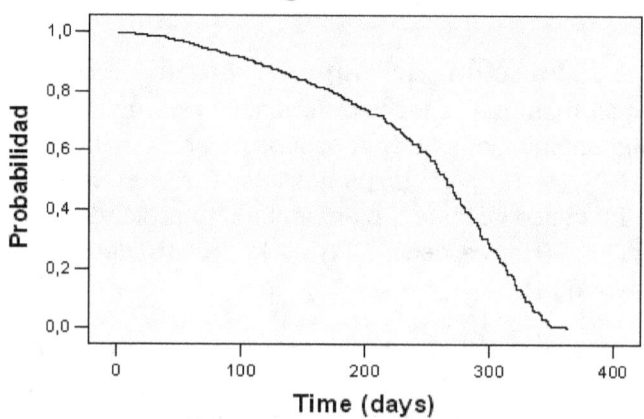

La función de supervivencia y la de distribución acumulativa son complementarias. Esto quiere decir que para cualquier instante la suma de las probabilidades definidas por ambas funciones es 1, es decir, expresan el suceso seguro, puesto que es la probabilidad de que ocurra un suceso más la probabilidad de que no ocurra:

$$F(t) + S(t) = 1$$

1.4.3 Función de riesgo (Hazard funtion).- La función de riesgo, a la que se denota mediante h(t), es muy utilizada en análisis de la supervivencia. Indica en cada instante la probabilidad de que ocurra el suceso, sabiendo que se ha llegado a ese instante. Matemáticamente esto se puede enunciar mediante la siguiente expresión:

$$h(t) = \lim_{\Delta t \to 0} \frac{P(t_k \leq t \leq t_k + \Delta t)}{\Delta t}$$

Para los elementos con un tiempo de supervivencia mayor que t_k.

Si el incremento de tiempo se reduce hasta tender a cero, h(t) es la probabilidad de que ocurra el suceso entre t_k y ($t_k+\Delta t$), considerando solo los casos que continúan en el estudio en t_k, cuando incremento de t tiende a cero. En este caso h(t) puede expresarse de la siguiente manera:

$$h(t) = \int_{t_k}^{t_k+\Delta t} f(t)\, dt$$

Para los casos en estudio en t_k

En la práctica el incremento de t, Δt, es el intervalo de tiempo con que puede conocerse que ha ocurrido el suceso de interés.

La definición matemática es algo abstracta. Unos ejemplos ayudaran a comprender los conceptos. La probabilidad de morir en el año siguiente sabiendo que se ha alcanzado los 62 años con vida, es el riesgo de morir en un incremento de tiempo de un año, habiendo alcanzado los 62 años. Esta probabilidad, este riesgo es menor que el de morir en un año habiendo alcanzado vivo los 72 años, y éste riesgo es menor que morir en un año si se ha llegado vivo a los 85 años. Observe que ese riesgo no es el de morir entre sesenta y dos y sesenta y tres años, es la probabilidad de llegar vivo a los sesenta y dos años y no vivir un determinado incremento de tiempo, en el ejemplo anterior un año. El riesgo de morir en un incremento determinado de tiempo aumenta con la edad. También el riesgo de avería aumenta con el tiempo de uso. En la mayoría de las poblaciones humanas suele haber una disminución del riesgo de morir en un determinado incremento de tiempo, desde el nacimiento hasta la adolescencia; desde la adolescencia hasta los cincuenta años la mayoría de las muertes son ocasionadas por accidentes y el riesgo de morir en un intervalo de tiempo determinado permanece constante; después de los cincuenta años el riesgo de morir en un incremento anual aumenta continuamente.

La función de riesgo puede llevar a error respecto a otras consideraciones de riesgo; esta función de riesgo, hazard, da una idea de la tasa instantánea de riesgo. Para evitar darle el nombre de riesgo y evitar confusiones también se le denomina función de peligro o función de impacto.

Es importante conocer la función de riesgo acumulada H(t):

$$H(t) = \int_0^u h(t)\, dt$$

Es el riesgo acumulado en un determinado intervalo temporal.

1.4.4 Relación entre las funciones.-
Las funciones de probabilidad, de supervivencia y de riesgo están relacionadas entre sí de tal manera que conocida una pueden obtenerse las otras.

Se pueden relacionar las funciones de riesgo, de probabilidad y de supervivencia mediante la siguiente expresión:

$$h(t) = \frac{f(t)}{s(t)}$$

1.5 Evaluación del tiempo como variable discreta.-
La variable tiempo es estrictamente continua, se sabe que la materia es continua, pero no se ha podido establecer, ni siquiera teóricamente, que el tiempo pueda ser discontinuo. No obstante, un observador solamente puede estudiar instantes determinados, por consiguiente las funciones habitualmente utilizadas en el análisis de la

supervivencia se pueden expresar considerando la variable tiempo como discreta.

La función de probabilidad en el késimo instante $f(t_k)$ es la probabilidad de que se produzca el suceso en estudio (muerte, fallo, curación, etc.) en dicho instante. En los estudios en los que se considera la variable tiempo como continua, esta probabilidad es cero para cada instante puesto que sería un punto en el eje temporal, por eso es necesario calcular la variable en intervalos. Sin embargo, cuando se considera que la variable es discreta la probabilidad puede ser distinta de cero, porque se calcula dentro de un intervalo.

Si se detecta que ha ocurrido un suceso en el instante t_k y la variable tiempo es discreta, significa que ha ocurrido entre t_{k-1}, instante en el que no se había observado, y t_k; $t_k - t_{k-1} = \Delta t$, si la duración de los intervalos es siempre la misma, Δt es constante.

Por ejemplo, en una película los hechos que aparecen da la impresión de que son continuos, sin embargo son fotogramas tomados en intervalos de tiempo regulares. Cada fotograma es una observación en un instante determinado.

Matemáticamente esto se puede expresar de la manera siguiente:

$$P(t_k) = P(t_{k-1} < t \leq t_k)$$

La función de riesgo es la probabilidad de que el suceso ocurra en el instante t_k, sabiendo que no se ha observado antes de dicho instante:

$$h(t_k) = P(t_{k-1} < t \leq t_k)$$

Para los casos en estudio en $t \geq t_{k-1}$

La función de supervivencia particularizada para el késimo instante es la probabilidad de que el suceso de interés se produzca en un tiempo mayor o igual que dicho instante. La expresión matemática es la siguiente:

$$S(t_k) = P(t > t_{k-1})$$

Ejemplo 1.3.- Se observa a un grupo de animales infectados por una enfermedad determinada; una vez al día se contabilizan los fallecidos. Inicialmente, es decir, en t_0, hay mil animales, la tabla de observaciones es la siguiente:

Día	0	1	2	3	4	5	6
Vivos	1000	980	950	900	820	720	630

Se considera como comienzo de la observación, t_0, el contacto con el agente infeccioso. Calcular y expresar matemáticamente las cuestiones siguientes:

a) Probabilidad de que un animal fallezca en el quinto día después de ser infectado.

b) Riesgo de morir (hazard) en el quinto día, después de la infección.

c) Probabilidad de que viva después del 5º día, de la infección.

a) Se pide P(5), es decir, $P(4 < t \leq 5)$. En el 4º día había 820 animales vivos y al terminar la observación el día 5º, 720, es decir en ese periodo de tiempo han fallecido 100. Obsérvese que en este caso la probabilidad es 100/1000=0,1; es decir, un animal infectado por el germen del estudio tiene una probabilidad de 0,1 o 10%, de fallecer en el quinto día de observación.

b) Se pide h(5), es decir, $P(4 < t \leq 5)$, para los animales que han llegado con vida al 5º día. La diferencia fundamental respecto a la cuestión anterior es que en este caso la probabilidad se calcula para los animales que llegan vivos a t_5, mientras que en el caso anterior era respecto a todos los que comenzaban el estudio t_0. Llegan vivos al quinto día 820, que son los observados en el 4º día, pero en el día 5º solo vivían 720, luego fallecieron 100; h(5) = 100 / 820 = 0,12. Hay una probabilidad del 12% de que los animales que lleguen vivos al 5º día, fallezcan ese día.

c) La probabilidad de sobrevivir al 5º día, S(5) = P(t>5), es el número de los que viven después de ese día, es decir, 720 entre 1000; por lo tanto la probabilidad es 0,72, o sea, el 72%.

1.6 Cálculos más frecuentes en curvas de supervivencia.- En el análisis de supervivencia pueden hacerse muchos cálculos como se verá en los capítulos siguientes. En este apartado se exponen los que se realizan directamente y más frecuentemente en curvas de supervivencia.

a) Conocer la supervivencia en un instante determinado.- En este caso interesa saber la proporción de elementos en los que no ha ocurrido el evento, antes de un instante concreto t_s. Por lo tanto, se quiere conocer $S(t_s) = P(t > t_s)$.

Por ejemplo, proporción de pacientes afectados de un tumor que sobreviven 300 días después del diagnóstico. Si se dispone de los datos completos se puede calcular el valor directamente, pero es frecuente que solo se disponga de la curva, lo cual es habitual en los artículos publicados en revistas científicas.

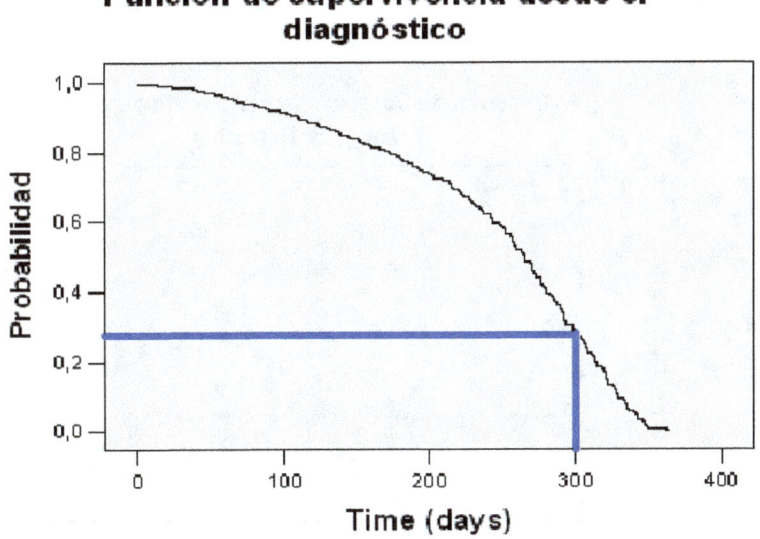

Para calcular la proporción de supervivientes a los 300 días se traza una perpendicular desde el punto 300 del eje de abscisas hasta la curva. Después se traza desde el punto de corte con la curva una perpendicular al eje de ordenadas, el punto en el que ésta recta toca dicho eje es la proporción que se desea conocer, en éste caso 0,27, aproximadamente. Es decir trescientos días después del diagnóstico la supervivencia es un 27% de los pacientes estudiados.

b) Conocer la supervivencia en un intervalo de tiempo determinado.- En este caso interesa saber la proporción de individuos en los que no se ha observado el evento entre dos instantes, t_1 y t_2, es decir:

$$S(t_2) - S(t_1) = 1 - P(t_1 \leq t \leq t_2)$$

Por ejemplo, en el caso anterior conocer la proporción de pacientes que han sobrevivido entre 200 y 300 días después del diagnóstico.

Siguiendo el mismo procedimiento que en el caso anterior se calculan las proporciones de supervivientes a 200 y 300 días, que son 0,72 y 0,27, respectivamente; por lo tanto la proporción de pacientes que sobreviven más de 200 y menos de 300 días es 0,45; es decir, el 45% de los pacientes vive más de 200 días y menos de 300.

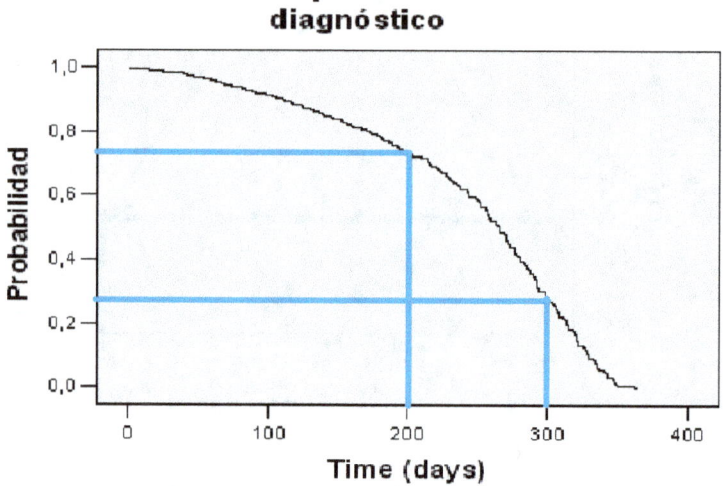

c) Conocer a que tiempo corresponde una supervivencia determinada.- En este caso interesa saber el tiempo en el que hay una determinada proporción de supervivientes. Los percentiles más utilizados son 50, es decir la mediana y los cuartiles 25 y 75.

Por ejemplo, en el gráfico de supervivencia utilizado en los ejemplos anteriores calcular los tiempos para el 80 y el 40% de supervivencia.

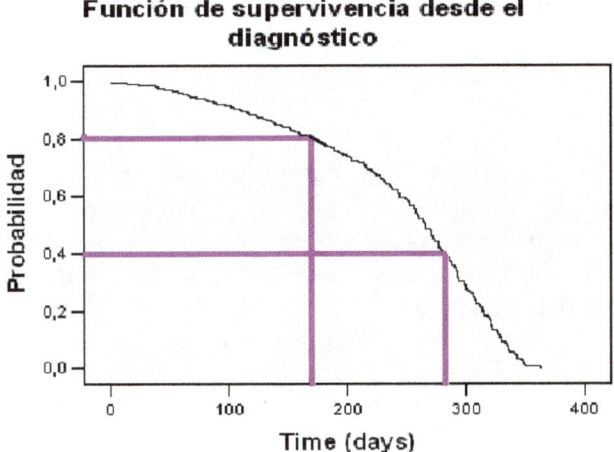

En este caso se traza una recta perpendicular desde el punto correspondiente a la proporción de supervivencia de interés, en el eje de ordenadas, hasta la curva de supervivencia. Desde el punto de confluencia con la curva trazar una perpendicular hasta el eje de abscisas, el punto de contacto es el tiempo buscado.

El tiempo correspondiente a un 80% de supervivencia es 171 días, es decir, 171 días después del diagnóstico sobreviven el 80% de los pacientes y a los 283 días el 40%.

Ejercicios

Ejercicio 1.1.- En un trabajo de investigación se sigue a un grupo de pacientes diagnosticados de un tumor cerebral después de aplicarles tratamiento con radioterapia. Expresar matemáticamente la probabilidad de que ocurra el evento de interés entre seis y diez meses después del tratamiento. La evolución de los pacientes viene definida por una determinada función del tiempo f(t).

Ejercicio 1.2.- A partir de la curva siguiente calcular:

a) El tiempo correspondiente a una supervivencia del 70%.
b) El tiempo correspondiente al 50%, es decir, a la mediana de la supervivencia.

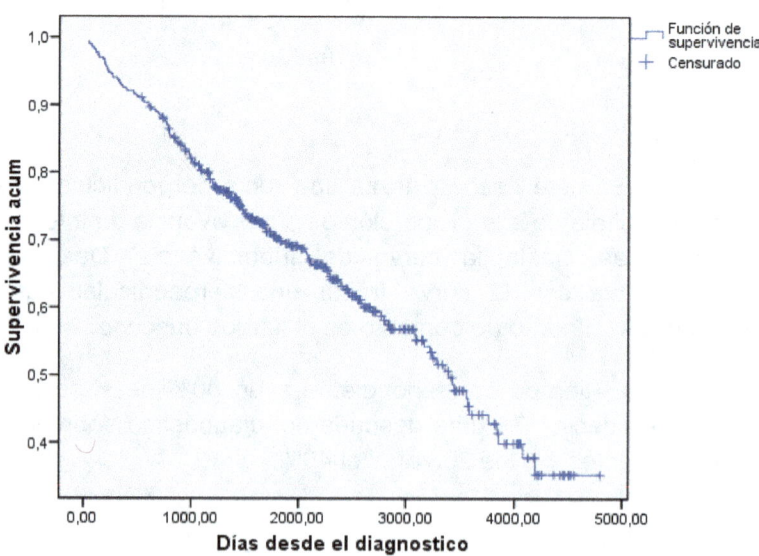

Ejercicio 1.3.- Diez pacientes que sufren un carcinoma de hígado son seguidos después de tratarles con quimioterapia; el evento de interés es el fallecimiento, el tiempo se cuenta en semanas desde el diagnóstico. Los tiempos en que se observa el evento en algún paciente son los siguientes: 4, 7, 64, 75, 75, 80, 80, 80, 90, 95.

 a) Calcular la probabilidad de morir antes de las 80 semanas.
 b) Calcular la supervivencia a las 81 semanas.
 c) Calcular el valor de la función de riesgo, hazard, a las 64, 75 y 80 semanas.
 d) Dibujar la curva de supervivencia.

Bibliografía

Greenwood, M. (1926). *The errors of sampling of the survivorship tables (Reports on Public Health andStatistical Subjects No. 33)*. London. His Majesty's Stationery Office, Appendix 1.

Gehan, E.A. (1969). Estimating survival functions from the life table. *Journal of Chronic Diseases, 21,*629-644.

Elandt-Johnson, R.C. & Johnson, N.L. (1980). *Survival models and data analysis*. New York: John Wiley& Sons.

Harris, E.K. & Albert, A. (1991). *Survivorship analysis for clinical studies*. Marcel Dekker.

Time to event (survival) data; Altman DG, Bland JM. BMJ 1998;317:468-469.

Hosmer, D.W. y Lemeshow, S. (1999). *Applied Survival Analysis: Regression Modeling of Time to Event Data*. N.Y.: JohnWiley & Sons, Inc.

Kalbfleisch, J.D. y Prentice, R.L. (2002). *The Statistical Analysis of Failure Time Data, 2da Ediciῆon*. N.Y.: John Wiley &Sons, Inc.

Collett, D. (2003). *Modelling Survival Data in Medical Research, 2da. Edición*. Boca Ratón: Chapman & Hall.

Rebasa P. Conceptos básicos del análisis de supervivencia.Cir Esp 2005;78: 222-230.

Capítulo 2
Estimación de la función de supervivencia

En éste capítulo se estudian las técnicas estadísticas más utilizadas para estimar las funciones de supervivencia, probabilidad y riesgo, cuando la variable de interés es el tiempo hasta que ocurre un evento, *time to event*. Las pruebas utilizadas habitualmente son las no paramétricas: el método actuarial y el método de Kaplan Meier. También se analizan las principales técnicas paramétricas: exponencial, Weibull, log normal y gamma. Se describe con detalle como estimar funciones de supervivencia utilizando el paquete estadístico SPSS.

2.1 Métodos no paramétricos.- Los métodos más utilizados en ciencias de la salud para estimar funciones de supervivencia son los no paramétricos: el actuarial y el de Kaplan Meier. Éste último es el utilizado más frecuentemente, aunque si los datos permiten utilizar los dos, las tablas de mortalidad construidas según el método actuarial resumen mejor la información, mientras que la estimación de las funciones y de los parámetros estadísticos es más exacta mediante el método de Kaplan Meier. Teniendo en cuenta que en la mayoría de las ocasiones los cálculos se realizan mediante programas informáticos, se recomienda analizar los datos mediante las dos técnicas.

2.1.1 El método actuarial.- Al ser un método no paramétrico la única condición que tienen que cumplir los datos es que se puedan considerar como una muestra estadísticamente correcta, es decir, que hayan sido seleccionados aleatoriamente y todos los elementos de la población muestreada hayan tenido una probabilidad mayor que cero de ser incluidos en la muestra.

El método actuarial consiste en analizar el evento de interés en intervalos temporales no necesariamente iguales.

Considerando que la función de supervivencia permite calcular la probabilidad de que ocurra el evento de interés en un tiempo mayor que t_k, pueden calcularse los valores de la función de supervivencia mediante la siguiente expresión:

$$S(t_k) = \prod_{i=1}^{k}(1 - p_i) \quad (2.1)$$

En la expresión anterior p_i es la probabilidad de que ocurra el evento en el iésimo intervalo, consecuentemente $(1-p_i)$ es la probabilidad de que no suceda. Observe que la expresión anterior es el producto de las probabilidades de que no ocurra el suceso, en todos los intervalos definidos menores de t_k.

Para facilitar la comprensión del procedimiento se describe la técnica mediante el ejemplo siguiente.

Ejemplo 2.1.- Al terminar el tratamiento quimioterápico, 625 mujeres afectadas de cáncer de mama son seguidas durante doce años, siendo el evento estudiado el fallecimiento de la paciente. Se obtuvieron los resultados siguientes que se expresan en la correspondiente tabla de vida:

Periodo	n_i	d_i	l_i	n'_i	h_i	$1-h_i$	$S_{i(k)}$	$S_{i(k-1)}$
0 - 2	625	60	80	585	0,103	0,897	0,897	1
2 - 4	485	72	46	462	0,156	0,844	0,757	0,897
4 - 6	367	58	30	352	0,165	0,835	0,632	0,757
6 - 8	279	72	28	265	0,272	0,728	0,460	0,632
8 - 10	179	84	62	148	0,568	0,432	0,199	0,460
10 - 12	33	20	13	26,5	0,756	0,244	0,049	0,199

La notación utilizada en la tabla anterior tiene los siguientes significados:

Periodo.- Indica el intervalo de tiempo, en este caso en años, que hay que entender como un intervalo semiabierto. Por ejemplo, el primero 0–2, en realidad habría que denotarlo: [0 ; 2), el límite inferior del intervalo, 0, está incluido, pero el 2 no. El intervalo anterior incluye todos los instantes entre 0 y 2, pero no el 2.

n$_i$.- Es el número de casos en estudio que entran en el iésimo intervalo, en el primer intervalo son 625, en el segundo 485...

d$_i$.- Es el número de eventos que ocurren en el iésimo intervalo: 60 en el primero, 72 en el segundo...

l$_i$.- Es el número de casos perdidos en el iésimo intervalo: 80 en el primero, 46 en el segundo...

$n'_i = n_i - \frac{l_i}{2}$.- Es el número de elementos en riesgo en el punto medio del iésimo intervalo. Se supone que las pérdidas se producen en el intervalo de manera uniforme respecto al tiempo.

h$_i$.- Es la función de riesgo en el intervalo, es decir, la probabilidad de que ocurra el evento en el iésimo intervalo habiendo llegado a su comienzo sin que haya ocurrido el evento. Se calcula dividiendo el número de eventos ocurridos en el intervalo entre el número de elementos en riesgo: $h_i = \frac{d_i}{n'_i}$. Por ejemplo en el segundo intervalo ocurren 72 eventos, el número de elementos en riesgo son 462, consecuentemente el riesgo de morir antes del cuarto año de seguimiento habiendo llegado vivo al segundo es 0,156.

1-h$_i$.- Es el complementario del anterior, es decir, la probabilidad de que no ocurra el evento en el intervalo habiendo llegado a su comienzo. Por ejemplo, la probabilidad de que un individuo viva el cuarto año, habiendo llegado vivo al comienzo del 2º es 0,844.

S$_i$.- Es la supervivencia al final del iésimo intervalo. Por ejemplo, en el primer intervalo mueren 60 individuos siendo el número en riesgo 585, por lo tanto la probabilidad de sobrevivir al primer intervalo es 0,897. En el segundo intervalo la probabilidad de morir en el intervalo es 0,156 y la probabilidad de sobrevivir 0,844. El producto de la supervivencia al final del primer intervalo por 0,844 es 0,757, que es la probabilidad de llegar vivo al 4º año.

S$_{i(k-1)}$.- es la función de supervivencia al comienzo del iésimo intervalo. Observese que en el primer intervalo su valor es 1, porque sería la supervivencia al comienzo del estudio, t$_0$. La supervivencia al principio de un intervalo es igual que la supervivencia al final del intervalo anterior.

Otros parámetros de interés, aunque no están incluidos en la tabla son los siguientes:

f_i, es la probabilidad por unidad de tiempo de que se produzca el evento de interés. En ingeniería y control de calidad se le denomina tasa de fallo, se calcula mediante la siguiente expresión.

$$f(t_i) = \frac{h_i(s_{i-1}(t))}{T_i} \quad (2.2)$$

En la expresión anterior T_i, es el número de unidades de tiempo en el intervalo iésimo.

$H(t_i)$ a la que se denomina tasa de riesgo. Es la probabilidad por unidad de tiempo de que se produzca el evento de interés en el iésimo intervalo, habiendo llegado al inicio de dicho intervalo. Se calcula mediante la siguiente expresión:

$$H(t_i) = \frac{d_i}{T_i\left(n_i - \frac{l_i + d_i}{2}\right)} \quad (2.3)$$

Cálculo de intervalos de confianza.- El error estándar de la función de supervivencia se calcula mediante la siguiente expresión:

$$EE\,\hat{s}(t_k) = \sqrt{\hat{s}(t_i)^2 \sum_{i=1}^{k} \frac{d_i}{n'_i(n'_i - d_i)}} \quad (2.4)$$

El límite inferior de un intervalo de confianza de 1-α es:

$$L_i = \hat{s}(t_k) - Z_{\frac{\alpha}{2}} \sqrt{\hat{s}(t_i)^2 \sum_{i=1}^{k} \frac{d_i}{n'_i(n'_i - d_i)}} \quad (2.5)$$

El límite superior de un intervalo de confianza de 1-α es:

$$L_s = \hat{s}(t_k) + Z_{\frac{\alpha}{2}} \sqrt{\hat{s}(t_i)^2 \sum_{i=1}^{k} \frac{d_i}{n'_i(n'_i - d_i)}} \quad (2.6)$$

Análisis de la Supervivencia: Regresión de Cox

El valor de $Z_{\frac{\alpha}{2}}$ para un intervalo de confianza del 95%, que es el más utilizado es 1,96. Los límites para un intervalo de confianza del 95% son:

$$L_i = \hat{s}(t_k) - 1,96 \; EE(\hat{s}(t_k));$$

$$L_i = \hat{s}(t_k) - 1,96 \sqrt{\hat{s}(t_i)^2 \sum_{i=1}^{k} \frac{d_i}{n_i'(n_i'-d_i)}} \quad (2.7)$$

$$L_s = \hat{s}(t_k) + 1,96 \; EE(\hat{s}(t_k));$$

$$L_i = \hat{s}(t_k) + 1,96 \sqrt{\hat{s}(t_i)^2 \sum_{i=1}^{k} \frac{d_i}{n_i'(n_i'-d_i)}} \quad (2.8)$$

El método actuarial con SPSS.- Utilice la base de datos T_renal que tiene la información de 1373 pacientes a los que se ha realizado un trasplante renal. Una vez que dicha base de datos esté activa en SPSS, seleccione en el menú analizar, supervivencia:

Seleccione tablas de mortalidad, que es donde se puede hacer un análisis de supervivencia mediante el método actuarial con SPSS. Aparecerá la pantalla siguiente:

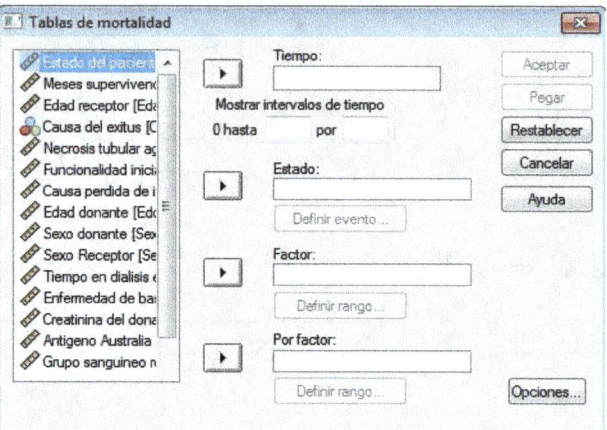

En la ventana hay que especificar las variables que van a ser utilizadas en el análisis. En tiempo hay que incluir la variable temporal en la que se especifican los tiempos correspondientes a cada paciente. En este caso la variable es Tiempo_S, que es la supervivencia en meses del paciente después del trasplante; hay que especificar en "hasta" el tiempo máximo que se necesite incluir en el estudio; si se quiere incluir todo el tiempo disponible se pondrá el máximo tiempo observado que es lo que se hace en este caso. El tiempo máximo de observación que hay en la base de datos es 279 meses, por lo tanto, en este caso se incluyen en el estudio todos los casos. Podría ocurrir que se quisiera hacer un estudio de supervivencia de 10 años, 120 meses, en cuyo caso en "hasta" se pondría 120.

En la ventana "por" hay que indicar la amplitud en número de unidades temporales que debe tener cada intervalo, en este caso se ha especificado 25 meses.

La otra variable necesaria para hacer el estudio es el estado del paciente; ésta variable suele ser dicotómica: uno de los valores indica que se ha observado el evento y el otro que no se ha observado. En esta base de datos la variable se denomina Estado, podría tener otro nombre, el valor 1 es muerto, que es el evento de interés en el estudio, el valor 2, es vivo. Una vez seleccionada la variable Estado hay que pulsar en "definir evento" aparecerá la pantalla siguiente:

Análisis de la Supervivencia: Regresión de Cox

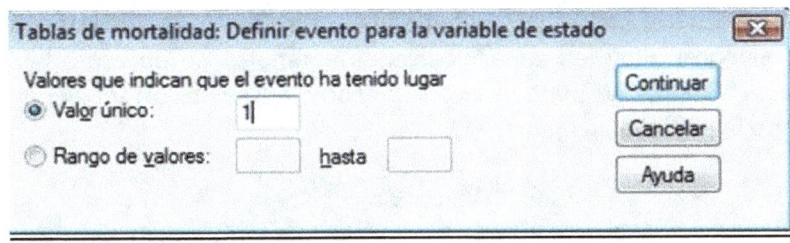

Debe tenerse en cuenta que en esta pantalla deben especificarse únicamente los valores que definen el evento, en la variable Estado éste valor es único: el 1, en éste caso. En ocasiones puede ocurrir que el evento se codifique con varios valores, por ejemplo supóngase que se hace un estudio sobre mortalidad en accidentes y se codifican varios valores, muerte en accidente de coche, en moto, atropellado… si en el estudio se quieren incluir todas las causas de muerte se indicará el intervalo de valores que los incluyen en "Rango de valores".

Una vez realizadas las operaciones anteriores la pantalla es la siguiente:

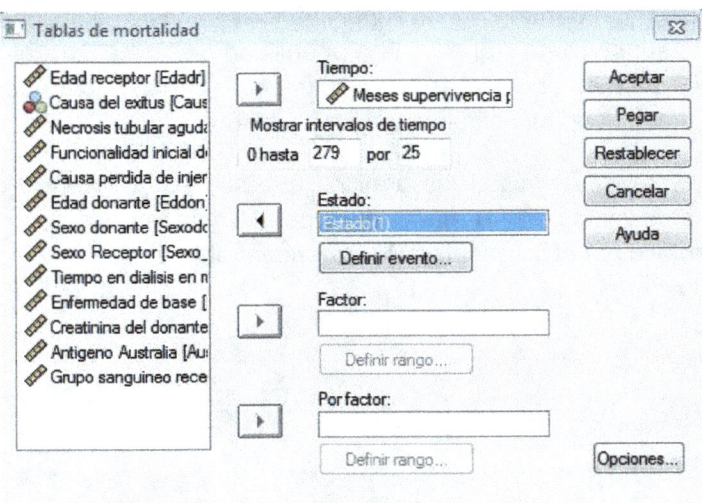

Ya se dispone de la información necesaria para hacer un estudio por el método actuarial. Factor, se analizará en el próximo capítulo en el que se estudia la comparación de curvas de supervivencia. Con las especificaciones anteriores se obtendrá la tabla de vida; además se pueden incluir gráficos. Pulsando en "opciones" se obtiene la pantalla siguiente:

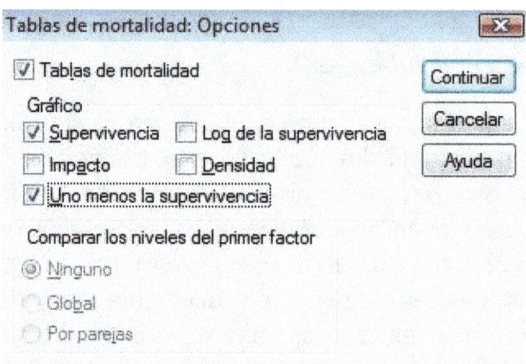

Observe que al entrar en esta pantalla solo están marcadas las tablas de mortalidad, que es la información que da SPSS si no se hace uso de las opciones. Si no se quiere incluir dicha tabla se puede desmarcar. Además se ofrece la posibilidad de obtener gráficos de supervivencia, logaritmo de la supervivencia, impacto, densidad y uno menos la supervivencia que es la probabilidad de que ocurra el evento. También permite comparar analíticamente curvas, pero esto se estudiará en el capítulo siguiente.

Una vez definidos los gráficos que se desea obtener, en este caso supervivencia y uno menos la supervivencia se pulsa continuar y en la pantalla principal aceptar. Se obtiene la tabla de vida y los gráficos solicitados:

Tabla de mortalidad

Momento de inicio del intervalo	Número que entra en el intervalo	Número que sale en el intervalo	Número expuesto a riesgo	Número de eventos terminales	Proporción que termina	Proporción que sobrevive	Proporción acumulada que sobrevive al final del intervalo	Error típico de la proporción acumulada que sobrevive al final del intervalo	Densidad de probabilidad	Error típico de la densidad de probabilidad	Tasa de impacto	Error típico de tasa de impacto
,000	1373	331	1207,500	79	,07	,93	,93	,01	,003	,000	,00	,00
25,000	963	210	858,000	39	,05	,95	,89	,01	,002	,000	,00	,00
50,000	714	162	633,000	30	,05	,95	,85	,01	,002	,000	,00	,00
75,000	522	129	457,500	27	,06	,94	,80	,01	,002	,000	,00	,00
100,000	366	119	306,500	18	,06	,94	,75	,02	,002	,000	,00	,00
125,000	229	79	189,500	10	,05	,95	,71	,02	,002	,000	,00	,00
150,000	140	55	112,500	10	,09	,91	,65	,03	,003	,001	,00	,00
175,000	75	37	56,500	3	,05	,95	,62	,03	,001	,001	,00	,00
200,000	35	21	24,500	1	,04	,96	,59	,04	,001	,001	,00	,00
225,000	13	10	8,000	0	,00	1,00	,59	,04	,000	,000	,00	,00
250,000	3	2	2,000	0	,00	1,00	,59	,04	,000	,000	,00	,00
275,000	1	1	,500	0	,00	1,00	,59	,04	,000	,000	,00	,00

a. La mediana del tiempo de supervivencia es 275,00

En la primera columna se indica el instante en que comienza cada intervalo. El primero empieza en 0, es decir, en cuanto se realiza el trasplante y termina justo antes de comenzar el vigésimo quinto mes, que es cuando comienza el segundo. El último intervalo comienza en el mes 275 y finaliza en el último instante incluido en el estudio, es decir, al haber definido que cada intervalo tiene 25 unidades de tiempo se cuenta de 25 en 25 hasta el último que incluye lo que resta hasta el final.

En la segunda columna se indica el número de pacientes que están en el estudio al comienzo de cada intervalo: 1373 son los incluidos al comienzo del estudio, es decir, en el primer intervalo. En éste intervalo hay 331 pacientes perdidos y fallecen 79, por lo tanto, quedan 963 que son los que continúan al comienzo del segundo intervalo.

En la tercera columna se especifican los casos perdidos, l_i, en cada intervalo; 331 en el primero, 210 en el segundo…

En la cuarta columna se indican los pacientes en riesgo, n'_i, que se calculan según la siguiente expresión: $n'_i = n_i - \frac{l_i}{2}$. Se supone que las pérdidas se producen de manera uniforme en el intervalo, por eso se divide por dos el número de pérdidas y se calcula el número de pacientes en riesgo a mitad del intervalo.

En el primer intervalo: $n'_i = 1373 - \frac{331}{2} = 1207{,}5$.

En el segundo: $n'_i = 963 - \frac{210}{2} = 858\ldots$

En la quinta columna se especifican los casos en los que se observa el evento en cada intervalo: 79 en el primero, 39 en el segundo…

La sexta columna se encabeza con el equívoco título "Proporción que termina". Su significado es la probabilidad de que se observe el evento en un individuo, durante el intervalo, sabiendo que lo ha comenzado. En este caso es la probabilidad de morir en un intervalo habiendo llegado vivo al comienzo del mismo, este valor es el riesgo de morir (*hazard*) en el intervalo estando vivo al comienzo, se calcula mediante la siguiente expresión $h_i = \frac{d_i}{n'_i}$. El riesgo de morir en el primer intervalo es: $h_i = \frac{79}{1207{,}5} = 0{,}0654$. ¡Observe! Que en la tabla de mortalidad el valor correspondiente al primer intervalo es 0,07, porque ha hecho una aproximación, si estando en la salida de resultados de SPSS, sitúa la punta del ratón en la tabla y hace dos "click" seguidos con el botón izquierdo se edita la tabla, si vuelve a presionar en el 0,07 o cualquier otro valor podrá visualizar el valor exacto que es 0,654244....Esto es válido para todas las circunstancias en que se quiera obtener un valor exacto. En la misma tabla hay valores 0,000 y 0,00, la probabilidad prácticamente nunca es cero, hay que buscar los valores como se ha indicado anteriormente, tenga esto en cuenta porque si no se pueden cometer errores, a veces, muy importantes.

El riesgo de morir en el segundo intervalo, o sea, antes del mes 50, habiendo llegado vivo al comienzo del mismo, es decir al mes 25, es: $h_i = \frac{39}{858} = 0{,}04545$; observe que en la tabla aparece 0,05, haciendo la maniobra descrita anteriormente, se obtiene la probabilidad exacta.

En la séptima columna se da la probabilidad complementaria de la columna anterior: 1 −h_i. La probabilidad que figura en la tabla es una aproximación. Por ejemplo la probabilidad de no morir en el segundo intervalo, es decir, llegar vivo al mes 25 y seguirlo estando en el mes 50, es:

$$1-h_i = 1-0{,}4545=0{,}95454\ldots$$

Observe que en la tabla de mortalidad se aproxima a 0,95. La nomenclatura que usa SPSS es confusa, puesto que dice proporción que sobrevive, pero no es la función de supervivencia, que se da en la columna siguiente.

En la octava columna se especifica la probabilidad de estar vivo al final del intervalo, es la probabilidad de Supervivencia, $\widehat{S}_i$. El valor exacto en el primer intervalo es 0,93457... que coincide con el intervalo anterior. En el primer intervalo es igual que 1-h_i, en los demás intervalos se obtiene multiplicando el valor de 1-h_i por el valor de s_{i-1}, es decir, el valor de la función de supervivencia en el intervalo anterior. El valor de $\widehat{S}_i$ en el primer intervalo es 0,935, y el de 1-h_i, en el segundo intervalo es 0,9545. El valor de la supervivencia al final del segundo intervalo, es decir vivir más de 50 meses en este caso es:

Análisis de la Supervivencia: Regresión de Cox

$\widehat{S_2} = (0{,}9350) \cdot (0{,}9545) = 0{,}8920$

En el tercer intervalo:

$\widehat{S_3} = (0{,}9526) \cdot (0{,}8920) = 0{,}8497$

En la novena columna se especifica el error típico que es lo mismo que error estándar de la función de supervivencia. Lo cual permite calcular los intervalos de confianza. Los intervalos de confianza del 95% se calculan mediante las siguientes expresiones:

$L_i = \hat{S}(t_k) - 1{,}96 \; EE(\hat{s}(t_k))$

$L_s = \hat{S}(t_k) + 1{,}96 \; EE(\hat{S}(t_k))$

Los límites para un intervalo del 95% para la función de supervivencia en el segundo intervalo son:

$L_i = 0{,}8920 - 1{,}96 \cdot (0{,}01) \; ; \; L_i = 0{,}8724$

$L_s = 0{,}8920 + 1{,}96 \cdot (0{,}01) \; ; \; L_s = 0{,}9116$

Hay un 95% de que la probabilidad de llegar vivo a los 50 meses después del trasplante esté entre un 87,24 y un 91,16 %, en la población de trasplantados renales con las mismas características.

En la décima columna se especifica la función densidad por unidad de tiempo, o instantánea se calcula mediante la siguiente expresión:

$$f(t_i) = \frac{h_i \; (s_{i-1}(t))}{T_i}$$

Por ejemplo en el primer intervalo:

$f(t_i) = \frac{0{,}0654 \cdot 1}{25} \; ; \; f(t_i) = 0{,}0026$

Observe que en el primer intervalo $(s_{i-1}(t))$, es la supervivencia en el intervalo anterior, es decir, al comienzo del estudio, por lo tanto su valor es 1, Aunque este valor no es necesario ponerlo en las fórmulas, se ha incluido por motivos didácticos.

Su valor en el segundo intervalo es:

$$f(t_i) = \frac{0{,}04545 \cdot 0{,}9346}{25}; \quad f(t_i) = 0{,}001699$$

Observe que 0,9346 es el valor de la función de supervivencia del intervalo anterior. Tenga en cuenta que los valores de las probabilidades con varios decimales, hay que visualizarlos en la tabla de mortalidad cuando se observa en la salida de resultados de SPSS haciendo doble clic en la probabilidad que se desea conocer con exactitud.

El valor de la función densidad en el tercer intervalo es:

$$f(t_i) = \frac{0{,}0474 \cdot 0{,}8921}{25}; \quad f(t_i) = 0{,}001691$$

En la undécima columna se especifica el valor del error estándar de la función densidad, mediante estos valores se pueden calcular los límites de intervalos de confianza. Por ejemplo los límites de un intervalo de confianza al 95% en el segundo intervalo son:

$L_i = f(t_k) - 1{,}96 \; EE(\hat{s}(t_k))$

$L_s = f(t_k) + 1{,}96 \; EE(\hat{s}(t_k))$

$L_i = 0{,}001699 - 1{,}96 \cdot (0{,}000266)$

$L_i = 0{,}001178$

$L_s = 0{,}001699 + 1{,}96 \cdot (0{,}000266)$

$L_s = 0{,}002220$

En la duodécima columna se muestra la tasa de riesgo (Hazard rate), SPSS le denomina tasa de impacto. Es la probabilidad por unidad de tiempo de que ocurra el evento, en este caso morir en el intervalo. Se calcula mediante la siguiente expresión:

$$H(t_i) = \frac{d_i}{T_i \left(n_i - \dfrac{l_i + d_i}{2}\right)}$$

La tasa de riesgo en el segundo intervalo es:

Análisis de la Supervivencia: Regresión de Cox

$$H(t_i) = \frac{39}{25\left(963 - \frac{210+39}{2}\right)} \;;\; H(t_i) = 0{,}00186$$

En la decimotercera columna se muestran los errores estándar de la tasa de riesgo; mediante estos valores se pueden calcular intervalos de confianza. Por ejemplo los intervalos de confianza para la tasa de riesgo en el segundo intervalo son:

$L_i = H'(t_k) - 1{,}96 \; EE(\hat{s}(t_k))$

$L_s = H'(t_k) + 1{,}96 \; EE\hat{s}(t_k)$

$L_i = 0{,}00186 - 1{,}96 \cdot (0{,}000298) = 0{,}001276$

$L_s = 0{,}00186 + 1{,}96 \cdot (0{,}000298) = 0{,}002444$

Hay un 95% de probabilidad de que la tasa de riesgo de morir en el segundo intervalo, es decir, entre 25 y 50 meses después del trasplante esté comprendida entre 0,001276 y 0,002444 por mes.

Al pie de la tabla se muestra el tiempo mediano de supervivencia, 275 meses en este caso. El valor es el tiempo máximo de observación, porque en el estudio no se ha observado una supervivencia global menor del 50%.

En el gráfico siguiente se muestra la función de supervivencia determinada mediante el método actuarial, observe disminuye en función del tiempo puesto que es inversamente proporcional a éste: a mayor tiempo menor supervivencia.

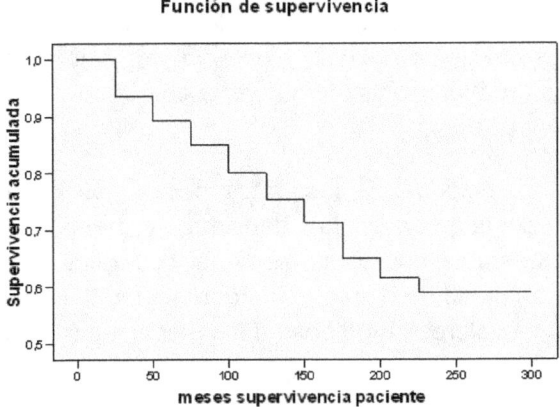

Función de supervivencia

Cada escalón corresponde a un intervalo.

Función de uno menos la supervivencia

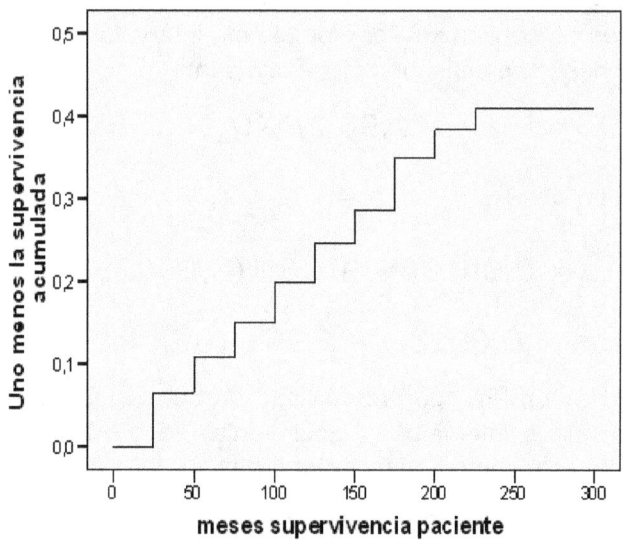

meses supervivencia paciente

En el gráfico anterior se muestra la probabilidad de que ocurra el evento determinada mediante el método actuarial. Observe que aumenta en función del tiempo puesto que es directamente proporcional a éste: a mayor tiempo la probabilidad de que ocurran eventos es mayor.

2.1.2 El método de Kaplan Meier.- Es un método no paramétrico como el actuarial, es más exacto que éste porque tiene en cuenta el instante en el que se produce el evento, mientras que en el actuarial es suficiente conocer el intervalo en que ocurre. Lo cual exige conocer con mayor precisión el tiempo en que se produce el suceso de interés en el estudio.

Si se dispone de los datos necesarios es mejor estimar las funciones de supervivencia, densidad y riesgo; y los principales parámetros estadísticos como mediana y cuartiles con esta técnica y la tabla de mortalidad mediante el método actuarial. Si el número de casos es grande los valores obtenidos de las funciones son similares.

Mediante el método de Kaplan Meier la supervivencia se calcula según la siguiente expresión matemática.

$$\hat{s}(t_i) = \prod_{i=1}^{k-1}(1 - P_i); \quad P_i = \frac{d_i}{n_i}$$

En la expresión anterior d_i es el número de eventos en el iésimo instante y n_i el número de elementos en riesgo, es decir, en los que el evento se puede producir en un tiempo mayor que: i-1; T > t_{i-1}.

La probabilidad en el instante i=1, es decir, cuando sucede el primer evento se calcula mediante la siguiente expresión: $P_1 = 1 - \frac{d_1}{n}$; 1 es el primer instante en el que ocurren eventos, d_1 es el número de eventos que se producen y n el número de elementos que comienzan el estudio.

La probabilidad en el iésimo instante es: $P_i = P_{i-1}\left(1 - \frac{d_i}{n_i}\right)$.

Cálculo de intervalos de confianza.- Una vez conocido el error estándar de la función que se desee estimar, con mayor frecuencia la de supervivencia, los límites para un intervalo de confianza del 95% se calculan mediante las expresiones siguientes:

$$L_i = \hat{s}(t_i) - 1{,}96 \; EE \; \hat{s}(t_i)$$

$$L_s = \hat{s}(t_i) + 1{,}96 \; EE \; \hat{s}(t_i)$$

Ejemplo.- En un hospital se quiere probar una terapia experimental, potencialmente activa para pacientes afectados de carcinoma hepático localizado, es decir, sin metástasis. Con objeto de investigar la supervivencia tras el diagnóstico se sigue a un grupo de pacientes a los que se ha aplicado el nuevo tratamiento. En el estudio participan 74 pacientes, el tiempo se mide en meses y el evento de interés es el fallecimiento del paciente. Se estimó la función de supervivencia mediante el método de Kaplan Meier, obteniéndose los resultados siguientes:

t_i	n_i	d_i	P_i	S_i
5	74	2	0,027	0,973
6	71	1	0,014	0,959
8	66	2	0,030	0,930
12	61	1	0,016	0,915
15	58	3	0,052	0,868
16	50	1	0,020	0,851
18	47	1	0,021	0,833
25	45	1	0,022	0,815

Comienzan el estudio 74 pacientes, el primer instante en el que se observan eventos es el 5, hay dos muertes. La probabilidad de morir es P_i 2 entre 74, 0,027. La de supervivencia en el primer instante en que se observan eventos es 1-P_i, es decir, 0,973. Observe que en el instante seis, es decir, en el sexto mes están en el estudio 71 pacientes lo que indica que antes se ha perdido uno, puesto que comenzaron 74 y se sabe que han fallecido 2. Por lo tanto en el mes seis hay 71 pacientes en riesgo de los que fallece uno, la probabilidad de morir es 0,014 y la probabilidad de vivir un tiempo mayor del sexto mes es decir la supervivencia en el sexto mes es:

$$S_6 = (1 - P_6) \cdot S_5 = (1-0,014) \cdot 0,973 = 0,959$$

El siguiente instante en el que se producen eventos es el octavo mes, al que llegan 66 pacientes de los que fallecen 2, observe que hay dos pérdidas entre el sexto y el octavo mes. La probabilidad de vivir más de ocho meses es:

$$S_8 = (1 - P_8) \cdot S_6 = (1-0,030) \cdot 0,959 = 0,930$$

Observese que S_{i-1}, se refiere al instante anterior en el que ha habido eventos, en este caso no es 8-1=7, es 6 porque es el anterior a ocho en que hubo muertes.

Análisis de la supervivencia mediante el método de Kaplan Meier con SPSS.- Por motivos didácticos se utiliza un ejemplo con pocos datos para describir la técnica de Kaplan Meier. Se sigue a 14 pacientes a los que se ha realizado una revascularización coronaria, el tiempo se contabiliza en meses, la variable estado se codifica con 0 para pérdidas y 1 para denotar el fracaso de la intervención. Los resultados fueron los siguientes:

6, 7*, 8, 9*, 12, 15, 17, 21*, 25, 26, 28, 29*, 30*, 36

El número indica el mes en que se produce el fracaso de la revascularización, el asterisco indica que el caso se perdió en ese instante. Observe que hay que definir al menos dos variables: Tiempo y Estado. En la primera se define el tiempo en que ocurren eventos o el momento en que se censa, se censura a un individuo. En la variable Estado se codifica con 1 la observación del evento y con 0, el censo.

Una vez que se dispone de la base de datos SPSS se procede a realizar el estudio de supervivencia. Los datos están en el archivo Ejemplo_KM.

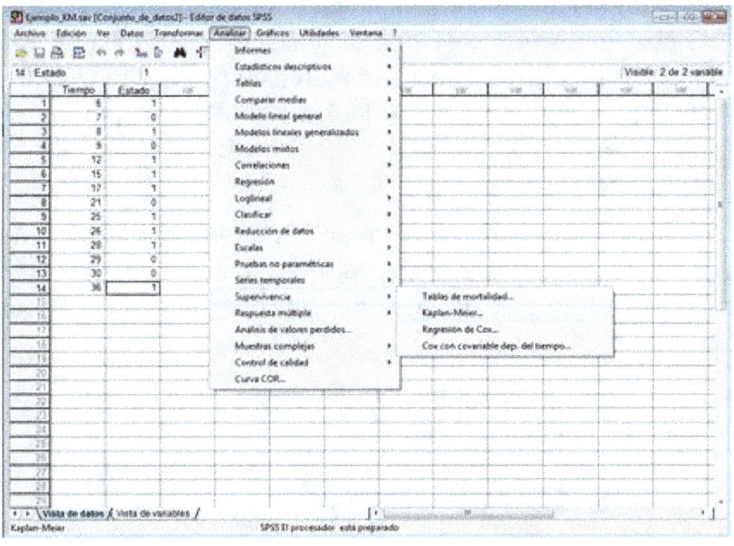

Observe en la pantalla anterior como se han definido los datos en SPSS, evidentemente en un estudio real hay muchas más variables.

En el menú analizar seleccione Supervivencia y después en el submenú Kaplan-Meier, aparecerá la pantalla siguiente:

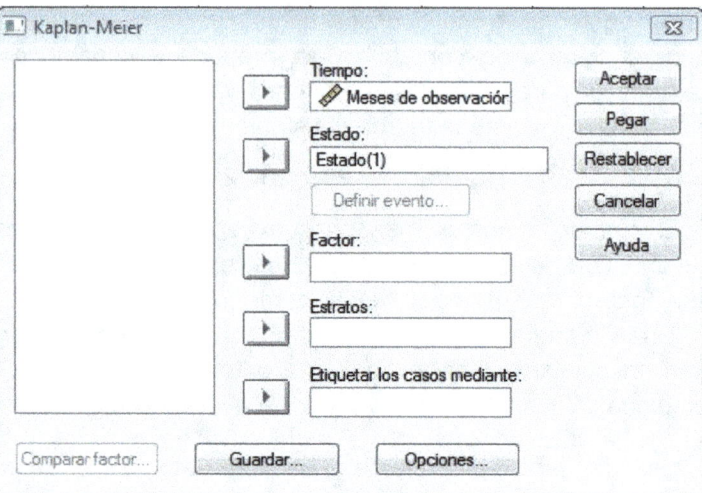

En la ventana tiempo se incluye la variable que incluye los tiempos, en este caso en meses. Observe que no hay que definir intervalos. En el campo correspondiente a estado se debe incorporar la variable que contiene el estado del paciente e indicar que valor es el correspondiente al evento de interés, en este caso el 1 indica fracaso de la revascularización. Se permite indicar un intervalo por si se hubiera codificado el evento de varias maneras, como se explicó en el método actuarial con SPSS.

La ventana Factor permite realizar análisis de Kaplan Meier para cada valor de la variable, esta opción y estratos se analizará en el capítulo siguiente que trata sobre la comparación de curvas de supervivencia.

Las teclas Guardar y Opciones nos permiten obtener información adicional:

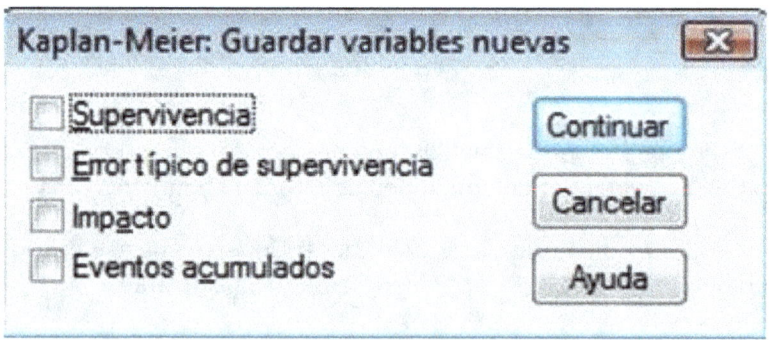

Si se selecciona alguna de las casillas se incluyen en el fichero, para cada caso, los valores correspondientes como nuevas variables. Al finalizar la selección se pulsa Continuar.

Además nos permite opciones, si pulsamos la tecla aparecerá la pantalla siguiente:

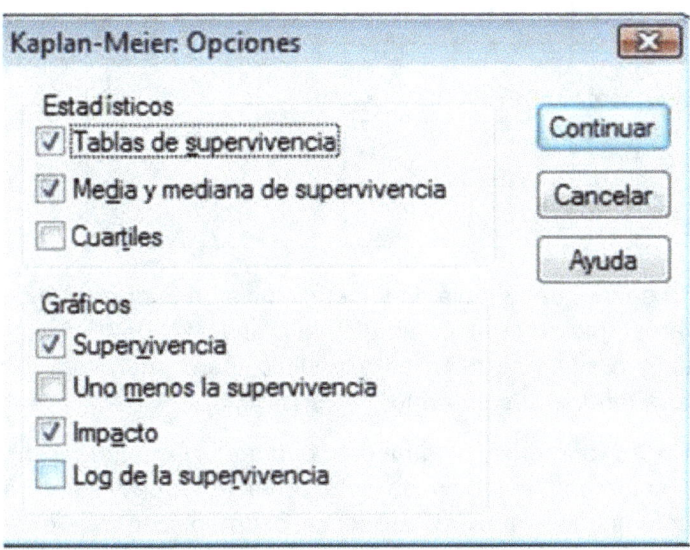

La opción tabla de supervivencia y media y mediana están marcadas por defecto, excepto si se desmarcan se dará esa información. En el caso de Kaplan-Meier cuando hay muchos datos la tabla es muy grande y poco útil, es frecuente pedir los datos estadísticos, algún gráfico y excluir la tabla.

En este caso en los resultados estará la tabla, los datos estadísticos y los gráficos de supervivencia y de riesgo, al que SPSS denomina impacto. Al finalizar la selección se pulsa Continuar.

Una vez terminadas las selecciones deseadas se pulsa en la tecla Aceptar de la pantalla principal de Kaplan Meier, obteniéndose los resultados siguientes:

	Tiempo	Estado	Proporción acumulada que sobrevive hasta el momento		N° de eventos acumulados	N° de casos que permanecen
			Estimación	Error típico		
1	6,000	Fracaso	,929	,069	1	13
2	7,000	Censado	.	.	1	12
3	8,000	Fracaso	,851	,097	2	11
4	9,000	Censado	.	.	2	10
5	12,000	Fracaso	,766	,119	3	9
6	15,000	Fracaso	,681	,133	4	8
7	17,000	Fracaso	,596	,141	5	7
8	21,000	Censado	.	.	5	6
9	25,000	Fracaso	,497	,148	6	5
10	26,000	Fracaso	,397	,148	7	4
11	28,000	Fracaso	,298	,141	8	3
12	29,000	Censado	.	.	8	2
13	30,000	Censado	.	.	8	1
14	36,000	Fracaso	,000	,000	9	0

Observe que la tabla de supervivencia da información para cada instante en el que se produce un evento o una pérdida. En este ejemplo solo hay 14 casos y la tabla es asequible, pero si hubiera muchos la tabla entera tendría poca utilidad.

En la primera columna se enumera la información. En la segunda columna se indica el instante en que hay cambios. En la tercera columna se muestra lo que ha ocurrido, censado quiere decir que se pierde sin que haya ocurrido el evento, caso censurado, censado, y fracaso que ha ocurrido el evento, en este caso fallo de la revascularización y, consecuentemente, isquemia. En la cuarta columna se indica la función de supervivencia. En la quinta columna está el error típico de la supervivencia que es lo mismo que error estándar, que se utilizará para el cálculo de intervalos de confianza.

En la sexta columna se informa de los eventos observados; en la séptima y última columna se indica el número de casos que siguen en el estudio.

Solo se da información en los instantes en que se han observado eventos. El valor de la supervivencia en el mes seis, es decir, la probabilidad de que la revascularización sea eficaz más de seis meses es:

$$S_6 = 1 - \frac{1}{14} = 0{,}929$$

El siguiente instante en el que se producen eventos es el octavo, el valor de la supervivencia es:

$$S_8 = 0{,}929 \cdot \left(1 - \frac{1}{12}\right) = 0{,}8519$$

Observe que al octavo mes llegan 12 pacientes, antes se ha perdido uno y se observó el evento en otro. El siguiente evento se observa en el duodécimo mes, al que llegan 10 pacientes, antes se han perdido dos y se han observado dos eventos el valor de la función de supervivencia es:

$$S_{12} = 0{,}8519 \cdot \left(1 - \frac{1}{10}\right) = 0{,}7667$$

Puede haber pequeñas diferencias con los valores mostrados por SPSS por el número de decimales empleados en las operaciones matemáticas, recuerde que los valores que muestra SPSS son una aproximación.

Los límites de un intervalo de confianza del 95% se calculan utilizando las siguientes expresiones:

$$L_i = \hat{s}(t_i) - 1{,}96 \; EE \; \hat{s}(t_i)$$

$$L_s = \hat{s}(t_i) + 1{,}96 \; EE \; \hat{s}(t_i)$$

La inmensa mayoría de las veces se utilizan intervalos de confianza del 95%, si se quiere calcular otros intervalos solo hay que sustituir 1,96 por el valor correspondiente, 2,57 para el 99%...

Los límites del intervalo de confianza al 95% para la función de supervivencia al finalizar el mes 12 son:

$$L_i = 0{,}766 - 1{,}96 \cdot 0{,}119 = 0{,}533$$

$$L_s = 0{,}766 + 1{,}96 \cdot 0{,}119 = 0{,}999$$

El intervalo es amplio, puesto que la muestra tiene solo 14 elementos y las estimaciones no son muy precisas.

Medias y medianas del tiempo de supervivencia

Media[a]				Mediana			
		Intervalo de confianza al 95%				Intervalo de confianza al 95%	
Estimación	Error típico	Límite inferior	Límite superior	Estimación	Error típico	Límite inferior	Límite superior
23,363	3,207	17,078	29,648	25,000	6,722	11,824	38,176

a. La estimación se limita al mayor tiempo de supervivencia si se ha censurado.

En la tabla anterior se muestra la media y la mediana con sus correspondientes intervalos de confianza. El tiempo medio sin problemas de isquemia es de 23,06 meses y el 50% de las revascularizaciones son efectivas 25 meses después de realizadas.

En los gráficos siguientes se muestran la función de supervivencia y la de riesgo. En la primera el número de pacientes en estudio disminuye en función del tiempo y consecuentemente la probabilidad de que la revascularización funcione, o lo que es lo mismo la supervivencia de la revascularización.

El riesgo al que SPSS denomina impacto es la probabilidad de que el evento ocurra en un instante determinado, habiendo llegado funcionante a ese instante, es decir, sin que haya ocurrido el evento. Evidentemente, según aumenta el tiempo el riesgo también aumenta.

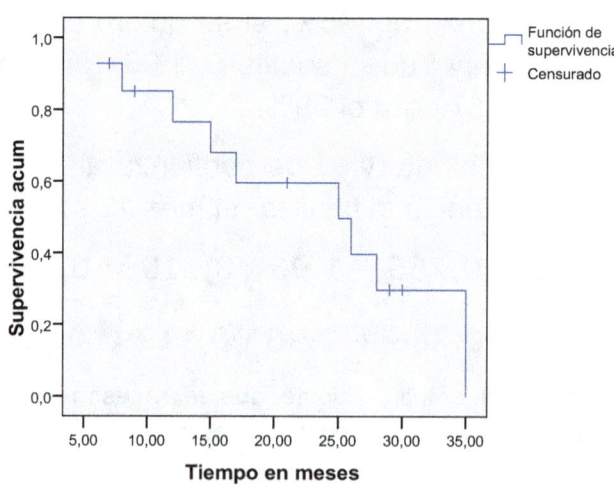

Función de supervivencia

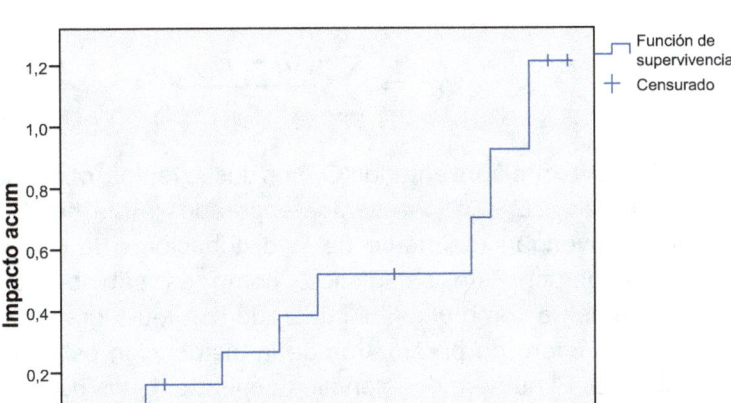

Funcion de impacto

2.3 Métodos paramétricos.-

Los métodos anteriores que son los más utilizados en ciencias de la salud son no paramétricos. También se puede estudiar si la función de supervivencia se ajusta a alguna distribución conocida. Estos métodos son muy utilizados en ingeniería y en control de calidad cuando se analiza el tiempo hasta que se producen averías en máquinas. En ciencias de la salud también se usan para estudiar la vida media de aparatos, como marcapasos, analizadores, etc.

Las funciones paramétricas más utilizadas en análisis de supervivencia son: la exponencial, la de Weibull, log-logística, log normal y gamma.

Se estudian brevemente las características principales de las funciones más importantes por si el lector quiere conocerlas o si aparecen en alguna cita bibliográfica. En ciencias de la salud su uso no es frecuente; además si hay muchos casos los ajustes son complejos.

Las pruebas de bondad de ajuste se pueden realizar con la prueba basada en la chi-cuadrado o mediante el método de máxima verosimilitud y con métodos gráficos.

La prueba basada en la distribución Chi-cuadrado se realiza distribuyendo el periodo de observación en *k* intervalos y calculando el estadístico:

$$\chi^2 = \sum_{i=1}^{k} \frac{(O_i - E_i)^2}{E_i}$$

En la expresión anterior O_i son los eventos observados en el iésimo intervalo; E_i son los eventos esperados en la hipótesis de que los datos provengan realmente de la distribución a la que se quieren ajustar los datos. Este estadístico, como es sabido, se distribuye aproximadamente como una Chi-cuadrado con *k*-u-1 grados de libertad, siendo u el número de parámetros de la distribución estimados a partir de la muestra. El número de intervalos depende de los datos no hay una ley para determinarlos, una regla que puede ser adecuada es que sean, aproximadamente, la raíz cuadrada del número de elementos.

En el ajuste mediante la prueba de la Chi-cuadrado la hipótesis nula es que los datos se ajustan a la distribución y la alternativa que no se ajustan. Consecuentemente, no se puede demostrar que los datos se ajusten, sí que no se ajusten, en éste caso se rechaza la hipótesis nula con la correspondiente probabilidad de error que es la significación estadística. Está muy extendida la práctica de considerar demostrado que los datos se ajustan a la distribución si no se rechaza la hipótesis nula, lo cual no es estadísticamente correcto.

Otro método utilizado para estudiar la bondad del ajuste es el de máxima verosimilitud, el estadístico utilizado para la evaluación estadística del ajuste es Wald, que también está basado en la distribución Chi-cuadrado.

El método de la observación de las funciones de supervivencia obtenidas mediante el método actuarial o de Kaplan-Meier pueden utilizarse para estudiar el ajuste. Debe tenerse en cuenta que la observación gráfica por si sola puede ser engañosa, sirve para enunciar hipótesis, pero la estimación del ajuste debe acompañarse de una comprobación matemática.

La función exponencial.- Es una de las distribuciones más utilizadas en análisis de supervivencia, sobre todo en ingeniería, se usa menos cuando los elementos a estudio son seres vivos porque las variables que intervienen son muchas y difíciles de controlar. En general, se utiliza más en la industria y en control de calidad. Su expresión matemática es la siguiente:

$$f(t) = C\, e^{-bt}$$

En la expresión anterior C > 0; t ≥ 0

Teniendo en cuenta las relaciones entre la función densidad, que es la anterior y las de supervivencia y de riesgo, sus expresiones matemáticas son las siguientes:

$$S(t) = e^{-bt} \quad y \quad h(t) = C$$

Es muy importante tener en cuenta las características anteriores puesto que la función exponencial supone que la función de riesgo es constante, es decir, no aumenta con el tiempo, esto ocurre en los materiales que no tienen fatiga, que son los que no les afecta el paso del tiempo ni el uso. En las personas puede ocurrir en tramos concretos de la vida, por ejemplo supervivencia por todas las causas entre 25 y 35 años, porque entre esas edades la mayoría de los fallecimientos son por accidentes y ese riesgo es constante.

La función de Weibull.- Es una de las funciones más utilizadas en análisis de la supervivencia, su expresión matemática es la siguiente:

$$f(t) = cb\,(bt)^{c-1}\, e^{-(bt)^c}$$

En la expresión anterior c y b son constantes mayores que cero y t ≥ 0.

Obsérvese que para c =1 esta función es la exponencial. Por lo tanto, la función exponencial es un caso particular de la función de Weibull.

Las funciones de supervivencia y de riesgo se obtienen mediante las expresiones siguientes:

$$S(t) = e^{-(bt)^c} \; ; \; h(t) = cb\,(bt)^{c-1}$$

Observe que si c > 1, el riesgo aumenta con el tiempo, que es lo que ocurre con los materiales que tienen fatiga, que son la mayoría. En algunas ocasiones se aplica a la supervivencia de seres vivos. Si C < 1 el riesgo disminuye con el tiempo.

Función log-logística.- Es una distribución aplicable a algunos sucesos biológicos. Las expresiones matemáticas de las funciones densidad, supervivencia y riesgo son las siguientes:

$$f(t) = \frac{e^c k t^{k-1}}{(1+ e^c t^k)^2}$$

$$S(t) = (1 + e^c t^k)^{-1}$$

$$h(t) = \frac{e^c k t^{k-1}}{(1+ e^c t^k)}$$

La función lognormal.- Es útil si no hay casos perdidos. Por ejemplo, si estudiamos un grupo de dispositivos electrónicos hasta que todos fallen. En ciencias de la salud puede emplearse si se sigue un grupo de pacientes en los que se observe el evento en todos ellos o a la inmensa mayoría. Por ejemplo, se estudia a un grupo de personas que padecen cefaleas, se les aplica un tratamiento y se les sigue hasta que padecen una cefalea, o un grupo de pacientes afectados de un tumor muy agresivo hasta que todos fallecen.

$$\text{Se asume que } \ln(T) \sim N(\mu ; \sigma^2) \rightarrow y = \frac{lnt - \mu}{\sigma}$$

Las funciones de riesgo y de supervivencia no tienen una expresión cerrada, la de supervivencia se puede expresar de la manera siguiente:

$$S(t) = 1 - F\left(\frac{lnt - \mu}{\sigma}\right);$$

En la fórmula anterior F es la función de distribución acumulativa.

Esta función se ha aplicado a estudios de pacientes afectados de SIDA, pero si no se observa el evento en la inmensa mayoría de los casos, las estimaciones no son aproximadas.

La función Gamma.- Al igual que la anterior, si hay pérdidas las estimaciones no son aproximadas. La expresión matemática es la siguiente:

$$f(t) = \frac{c^{\alpha}}{\Gamma(\alpha)}\, t^{\alpha-1}\, e^{-ct}$$

En la expresión anterior $\Gamma(\alpha) = \int_0^{\infty} X^{\alpha-1}\, e^{-x}\, dx$; definida para x>0.

Al igual que la log normal, la función de supervivencia y de riesgo no se pueden expresar mediante expresiones cerradas, hay que estimarlas en cada caso.

Ejercicios

2.1.- Utilizando el ejemplo Cirrosis, estimar la supervivencia después del diagnóstico de la enfermedad mediante el método de Kaplan Meier.

2.2.- Utilizando el ejemplo tabaco, estimar la función de supervivencia mediante el método actuarial. En este caso ¿Qué significado tiene la supervivencia?

Bibliografía

Kaplan, E.L. & Meier, P. (1958). Nonparametric estimation from incomplete observations. *Journal of theAmerican Statistical Association, 53,* 457-481.

Gehan, E.A. (1969). Estimating survival functions from the life table. *Journal of Chronic Diseases, 21,*629-644.

Miller, R.G. (1981). *Survival Analysis.* N.Y.: John Wiley & Sons, Inc.

Elandt-Johnson RC, Johnson NL. Survival models and data analysis. New York: John Wiley; 1980.

Lawless, J.E (1982). *Statistical models and methods for lifetime data.* New York: John Wiley & Sons.

Fleming, T.R. y Harrington, D.P. (1984). Nonparametric estimation of the survival distribution in censored data. *Communications in Statistics. Theory and Methods,* 13: 2469-2486.

Harris, E.K. & Albert, A. (1991). *Survivorship analysis for clinical studies.* Marcel Dekker.

Lee, E.T. (1992. *Statistical methods for survival data analysis.* New York: John Wiley & Sons.

Matas AJ, Kristen J y cols.: Half-life and risk factors for kidney transplant outcome. Importance of death with function. Transplantation 55: 757-761, 1993.

Kalbfleisch, J.D. y Prentice, R.L. (2002). *The Statistical Analysis of Failure Time Data, 2da Ediciſon.* N.Y.: John Wiley &Sons, Inc.

Collett, D. (2003). *Modelling Survival Data in Medical Research, 2da. Edición.* Boca Ratón: Chapman & Hall.

Desu MM, Raghavarao D. Nonparametric statistical methods for complete and censored data. Florida: Chapman and Hall; 2004.

Martìnez-Camblor, P.; de Una-Alvarez, J. (2009) "Nonparametric *k* simple tests: density functions vs. distribution functions", *Computational Statistics & Data Analysis* 53(9): 3344-3357.

SPSS Advanced Statistical Procedures Companion SPSS Inc. Chicago 2009 EE.UU.

Capítulo 3
Comparación de curvas de supervivencia

En éste capítulo se analizan las técnicas más utilizadas para comparar curvas de supervivencia, tanto si se utiliza el método actuarial como el de Kaplan-Meier. También se estudia cómo comparar curvas de supervivencia mediante el paquete estadístico SPSS.

3.1 Aspectos generales.- Una de las aplicaciones más utilizadas en el análisis de supervivencia es la comparación de funciones, de curvas, con objeto de conocer si algunas características influyen en sus valores. Por ejemplo, es importante saber si hay diferencias en cuanto a supervivencia entre los pacientes afectados de una determinada enfermedad a los que se aplican distintos tratamientos; o si la duración de los periodos asintomáticos en pacientes esquizofrénicos depende de las terapias, de los antecedentes familiares o de algunos hábitos; o si la vida útil de las bombillas depende de los materiales con que se fabrican...

3.2 Significación clínica y significación estadística.- En la comparación de curvas de supervivencia se evalúa si hay diferencias entre dos o más grupos de pacientes que tienen características diferentes. El estudio debe ser fundamentalmente paramétrico, también gráfico; pero si no se tienen en cuenta los valores reales, la simple observación de las curvas puede ser engañosa. Ya que dependiendo de la escala que se use, pequeñas diferencias pueden parecer grandes. Como en todas las comparaciones estadísticas se aconseja evaluar en primer lugar las diferencias paramétricas en supervivencia, esta diferencia es la significación técnica, en las ciencias de la salud se la denomina significación clínica, si se considera importante se tendrá en cuenta la significación estadística que indica la probabilidad de que las diferencias observadas sean debidas al azar.

Por ejemplo, en un ensayo clínico se comparan las supervivencias de dos grupos de pacientes afectados de una enfermedad tumoral, a los que se aplican tratamientos distintos, A y B. Sesenta meses después de comenzado el tratamiento viven el 74% de los tratados con la terapia A y el 58% de los tratados con la terapia B; las diferencias son estadísticamente significativas con $P < 0,01$. La significación clínica es la diferencia, es decir, el 16%. A los 60 meses sobrevive un 16% más de los tratados con la terapia A que los tratados con la B. Si los efectos secundarios no son muy graves, evidentemente, es mucho mejor la terapia A que la B, en cuanto a supervivencia a los 60 meses se refiere; o sea, la significación clínica es importante. Una vez que se llega a esta conclusión hay que responder a la pregunta ¿Cuál es la probabilidad de que la diferencia sea debida al azar? O lo que es lo mismo ¿Cuál es la significación estadística? En este caso es 0,01, esto quiere decir que la probabilidad de que, en realidad, las diferencias observadas sean debidas al azar es menor que el uno por ciento. Como es muy pequeña, se acepta que las distintas supervivencias son debidas a la diferencia en terapia con un pequeño margen de error.

A la diferencia en parámetros de interés clínico se les denomina significación clínica en ciencias de la salud. En otras disciplinas el nombre depende del estudio que se esté realizando. Por ejemplo, en un estudio en el que se analiza la diferencia entre dos tipos de hormigón interesa conocer la resistencia por centímetro cuadrado que es la significación técnica, mecánica en éste caso.

3.3 Análisis de curvas de supervivencia.- La comparación de curvas de supervivencia hay que hacerla de manera exhaustiva, conociendo la naturaleza de cada caso y la posible

evolución después de finalizar el estudio. En la industria, en general, es mucho más sencillo. Por ejemplo, si en un estudio se quiere conocer la diferencia entre dos tipos de material, una vez terminada la observación se sabe cuál dura más y cuánto cuesta la diferencia. En ciencias de la salud las cosas no son tan fáciles, los estudios con seres humanos son muy complejos desde el punto de vista técnico y ético, por eso es importante saber las ventajas clínicas de las diferencias observadas.

Por ejemplo, es muy importante conocer la diferencia en supervivencia entre los pacientes jóvenes afectados de meningitis a los que se aplican dos tratamientos distintos, porque pueden vivir muchos años después, incluso sin secuelas. Pero si se estudia la supervivencia de pacientes mayores de ochenta años afectados de cáncer de próstata, además de la diferencia en supervivencia habrá que estudiar la calidad de vida y el coste, porque conseguir unos meses más de vida con mala calidad y a un elevado precio puede no ser relevante.

3.3.1 Principales técnicas estadísticas utilizadas en la comparación de supervivencias.-
En el análisis de supervivencia puede ser interesante conocer las diferencias en un instante determinado. Por ejemplo, si en un estudio se sigue a dos grupos de pacientes afectados de un tumor tratados de manera distinta durante diez años, se quiere conocer la diferencia a los tres años, es decir, antes de que acabe el estudio. Pero lo más frecuente es hacer una comparación global de curvas; la comparación de parámetros en instantes concretos sin tener en cuenta la curva completa puede dar lugar a errores importantes.

En la página siguiente se muestran cuatro curvas con algunas características singulares que se comentan individualmente.

En el gráfico 1 se observan diferencias entre las curvas desde el principio, pero a partir del instante 10 tienden a igualarse.

En el gráfico 2, hay distinciones que empiezan a manifestarse desde el principio y se mantienen durante todo el estudio, es lo que suele ocurrir cuando hay diferencias de riesgo proporcionales.

En el gráfico 3 hay diferencias aparentemente importantes desde el principio, divergencias tempranas, del estudio hasta el instante 7, después se igualan, si se hicieran comparaciones en el instante 5 o la duración del estudio fuera más corta, habría diferencias puntuales y globales, respectivamente.

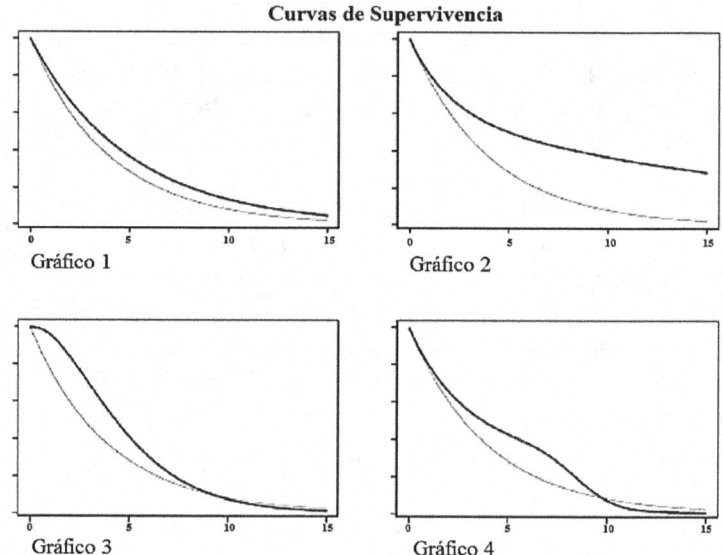

En el gráfico 4 hay diferencias entre los instantes 5 y 9, en tiempos medios, pero según aumenta el tiempo de observación éstas desaparecen.

Observe que en las curvas de las imágenes 3 y 4, el pronóstico al final del estudio es el mismo, habrá que estudiar las diferencias en los tiempos intermedios para comprobar si son relevantes.

Un caso muy interesante es el de las curvas cruzadas, que indican que hasta un instante determinado la supervivencia es mayor en una y a partir de ese instante es mayor en la otra:

Las curvas siguientes muestran que la supervivencia es mejor en los pacientes tratados con la terapia B, hasta la semana 20, a partir de ese momento la supervivencia es mejor en los tratados con la terapia A. Esto puede ser debido a muchas causas, por ejemplo, que un tipo de pacientes respondan bien a la terapia A, los cuales viven más tiempo, pero en otros la respuesta es menor. Si se conocen las características de los pacientes respondedores a la terapia A, podrían obtenerse importantes beneficios terapéuticos.

Análisis de la Supervivencia: Regresión de Cox

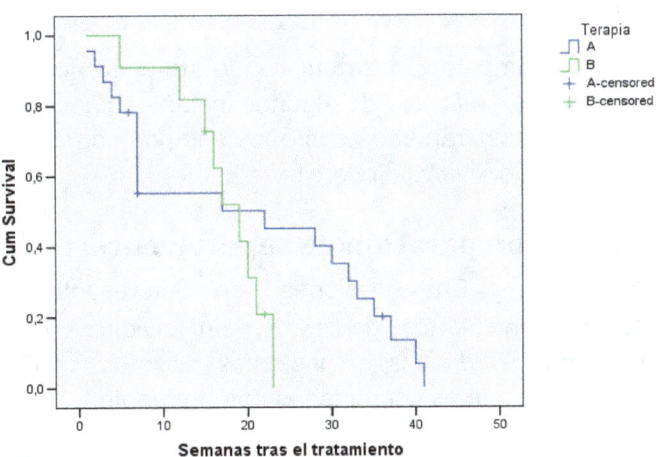

En cualquier instante puede ser importante hacer una comparación de la supervivencia que tiene valor para ese momento, aunque, en general, la comparación de las curvas consiste en un estudio global, que no puede resumirse en un solo parámetro. Los gráficos 2, 3 y 4 representan fenómenos muy diferentes que son difíciles de apreciar sin la evaluación gráfica. La evaluación gráfica es importante, pero debe ponerse atención a la escala de los ejes, ya que pueden exagerarse o minimizarse las diferencias modificando la percepción.

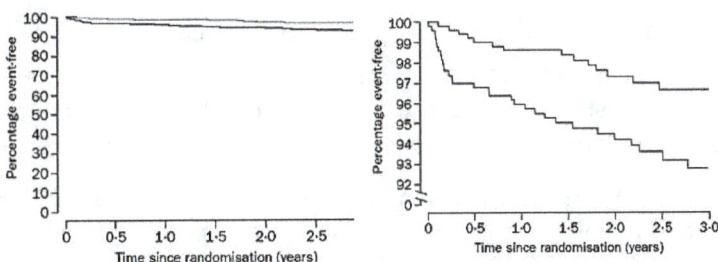

El grafico anterior muestra dos gráficas con curvas que representan los mismos resultados. Observe la diferencia de escala en ordenadas. En el gráfico de la izquierda parece que no hay diferencias importantes entre las curvas, mientras que el de la derecha aparenta lo contrario. Al comparar curvas de supervivencia visualmente, es muy importante apreciar la escala y estudiar conjuntamente las diferencias paramétricas.

En la comparación de curvas de supervivencia hay que hacer análisis globales, gráficos y de algunos instantes concretos. Además se pueden comparar parámetros como los tiempos correspondientes a las medianas de supervivencia, cuartiles, etc.

3.3.2 Comparación de supervivencias en un instante determinado.-
En ocasiones es interesante comparar la supervivencia en puntos concretos, sin olvidar que puede haber diferencias muy marcadas en instantes distintos, como se pone de manifiesto en las curvas comentadas anteriormente.

Si se quiere comparar la supervivencia en el iésimo instante entre dos funciones, puede utilizarse una prueba basada en la distribución t de Student; el estadístico de contraste es el siguiente:

$$t_{n_1+n_2-2} = \frac{\hat{s}_{1(t_i)}-\hat{s}_{2(t_i)}}{\sqrt{EE(\hat{s}_{1(t_i)})^2+EE(\hat{s}_{2(t_i)})^2}} \quad (3.1)$$

Recuerde que nunca se debe evaluar una diferencia en base a la significación estadística, lo más importante es la significación técnica, clínica en el caso de las ciencias de la salud, que en este caso es la diferencia entre las funciones de supervivencia en un instante determinado: $D = \hat{s}_{1(t_i)} - \hat{s}_{2(t_i)}$. Solo en el caso de que la diferencia se considere clínicamente relevante tendrá sentido evaluar la significación estadística; pero si D no se considera importante, no tiene sentido considerar la significación estadística, es decir, la P.

En la expresión anterior, t, representa a la distribución t de Student, los subíndices 1 y 2 se refieren a los grupos, i denota el iésimo instante que es en el que interesa hacer la comparación; n_1 y n_2, son los tamaños muestrales de cada grupo en dicho instante. Si los grados de libertad de la t, es decir, $n_1 + n_2-2$, son mayores que 120 puede aproximarse a una normal tipificada N(0;1). En éste caso si el valor del estadístico de contraste es mayor que 1,96 las diferencias son estadísticamente significativas con P < 0,05.

Ejemplo.- Se comparan dos tratamientos A y B, en dos grupos de 345 y 351 pacientes, respectivamente, afectados de un tumor canceroso de garganta. Cinco años después de comenzar el tratamiento la supervivencia en el grupo A es 0,76 con un error estándar 0,016; la supervivencia en el grupo B es 0,64 con un error estándar 0,027. Uno de los objetivos del estudio es comparar la supervivencia a los cinco años de comenzar el tratamiento.

La diferencia en supervivencia es 0,12, es decir, hay una supervivencia un 12% mayor en los pacientes tratados con el tratamiento A, si se descartan otras circunstancias que puedan haber influido, las diferencias son clínicamente muy importantes. Para completar la comparación hay que analizar la influencia del azar, es decir, la significación estadística, la cual se estudia aplicando a los datos la expresión (3.1).

$$Z = \frac{0,76 - 0,64}{\sqrt{(0,016)^2 + (0,027)^2}} = 7,01$$

Como el número de casos es mayor que 120, la t de Student se aproxima a la normal, el valor es muy significativo P < 0,0001, es mucho menor del valor indicado, es decir las diferencias son estadísticamente significativas, o lo que es lo mismo, la influencia del azar en las diferencias observadas entre la supervivencia de los dos grupos es despreciable. Se puede concluir que los pacientes tratados con el tratamiento A, tienen una supervivencia mayor que los tratados con el B.

3.3.3 Análisis del riesgo a partir de curvas de supervivencia.-
Tanto en clínica como en epidemiología el análisis del riesgo es muy importante. En análisis de la supervivencia el análisis del riesgo tiene que referirse a instantes determinados, puesto que puede cambiar con el tiempo e incluso invertirse como denotan las curvas cruzadas. Es importante distinguir la función de riesgo h(t), *hazard*, del riesgo, *risk*. El riesgo es la probabilidad de que ocurra un suceso no deseado, como contraer una enfermedad, tener un accidente, morir..., en unas circunstancias y tiempo determinados. Por eso es muy importante definir, con la mayor exactitud posible, las características temporales y no temporales de los sucesos a partir de los cuales se van a realizar los cálculos de riesgo.

Los parámetros fundamentales que suelen estudiarse en el análisis del riesgo son los siguientes:

Diferencia de riesgos, DR.- Indica la diversidad del riesgo en un instante determinado entre grupos de elementos que tienen características distintas. En epidemiología y estudio de factores pronósticos, el grupo A suele estar expuesto a un factor y B no estarlo; en otras ocasiones interesa conocer la diferencia entre la exposición a factores diferentes. En general, para facilitar la interpretación de los cálculos se suele considerar como A el grupo con mayor riesgo.

$$DR = R_A - R_B$$

Riesgo relativo, RR.- Es el cociente entre los riesgos, indica cuantas veces es más probable que ocurra el evento en un grupo respecto al otro, en un instante determinado.

$$RR = \frac{R_A}{R_B}$$

Ejemplo 3.1.- Se hace un seguimiento de dos grupos de personas que tienen hábitos alimentarios diferentes, el grupo A sigue una dieta omnívora y el B, vegetariana; todos los participantes en el estudio son varones mayores de setenta años que han padecido isquemia coronaria, el evento de interés es la muerte por causas coronarias. A partir de los datos de las curvas siguientes calcular la diferencia de riesgo y el riesgo relativo entre los dos tipos de dieta a los 2000 y a los 4000 días de seguimiento. En el gráfico siguiente se muestran los datos.

A los 2000 días de seguimiento la supervivencia de los vegetarianos, grupo B es 0,71, luego el riesgo de morir es 0,29. En el grupo A, la supervivencia es 0,53 y el riesgo de morir es 0,47.

La diferencia de riesgos es: DR= 0,47 − 0,29 = 0,18. A los 2000 días de seguimiento hay una diferencia de riesgo de morir entre los dos grupos de un 18%.

$$RR = \frac{0,47}{0,29} = 1,62$$

Análisis de la Supervivencia: Regresión de Cox

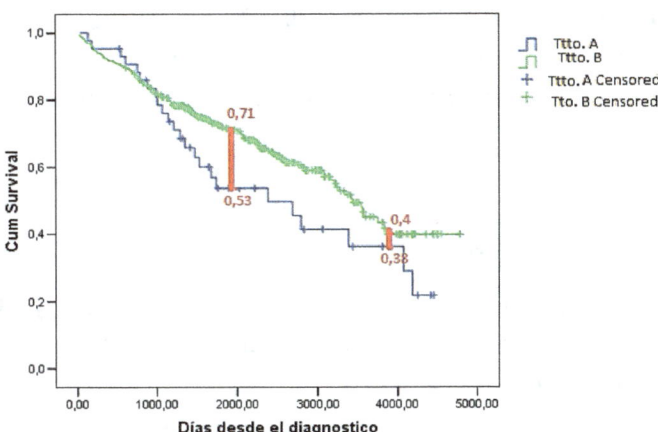

A los 2000 días de comenzado el seguimiento, es 1,62 veces más probable fallecer si se sigue dieta omnívora que la vegetariana.

A los 4000 días de seguimiento la supervivencia de los vegetarianos es 0,40, y el riesgo de morir 0,60. En el grupo A la supervivencia es 0,38 y el riesgo de morir 0,62.

La diferencia de riesgos es: DR= 0,62 – 0,60 = 0,02. A los 4000 días de seguimiento hay una diferencia de riesgo de morir entre los dos grupos de un 2%.

$$RR = \frac{0,62}{0,60} = 1,03$$

A los 4000 días de comenzado el seguimiento es 1,03 veces más probable fallecer si se sigue dieta omnívora que la vegetariana.

Observe la diferencia que hay en el análisis del riesgo entre 2000 y 4000 días. En los primeros 2000 días de seguimiento la diferencia es muy importante, pero después las supervivencias son muy similares.

El análisis del riesgo en el análisis de supervivencia puede cambiar, como en el ejemplo anterior, dependiendo de los instantes, por eso es necesario hacer un análisis global evaluando las diferencias en los distintos tiempos.

3.3.4 Comparación global de curvas de supervivencia.-
Se pueden comparar dos o más curvas de supervivencia simultáneamente. Las hipótesis a contrastar son las siguientes:

H_0 $S_1 = S_2 = \ldots = S_k$

H_1 S_i # S_j para algún i,j   α

Se rechaza la hipótesis nula si al menos una curva es distinta de las demás con una significación estadística menor que alfa, que habitualmente es 0,05.

<u>Prueba de Wilcoxon-Gehan.</u>- Es la más utilizada cuando las funciones de supervivencia se han estimado mediante el método actuarial.

<u>Prueba Log-Rank o de Mantel-Cox.</u>- Es la más utilizada para comparar curvas de supervivencia estimadas mediante el método de Kaplan Meier. Su nombre en español es prueba del rango logarítmico, aunque incluso en artículos escritos en ésta lengua es frecuente utilizar la denominación anglosajona: Log Rank. Debe tenerse en cuenta que no siempre es correcta su aplicación, se asume que la proporción del riesgo en los K grupos, K ≥ 2, es constante durante todo el estudio. Observe que en las curvas 3 y 4 esto no se cumple, tampoco es aplicable si las curvas se cruzan.

Esta prueba y las siguientes se basan en comparar los casos observados y los esperados bajo la hipótesis de no diferencia entre las funciones de supervivencia, pero debe tenerse en cuenta que esto hay que calcularlo en cada instante en el que ocurren eventos, haciendo al final un cómputo global. Considerando la comparación de dos grupos, A y B, las hipótesis que contrastar son las siguientes:

H_0 $S_A = S_B$

H_1 S_A # S_B

El estadístico de contraste es el siguiente:

$$\chi_v^2 = \sum_i^k \frac{(O_{Ai}-E_{Ai})^2}{E_{Ai}} + \frac{(O_{Bi}-E_{Bi})^2}{E_{Bi}} \quad (3.2)$$

El procedimiento se realiza en cada instante en el que hay eventos.

En la expresión anterior, v, son los grados de libertad que son iguales al número de grupos menos uno, por lo tanto, si se comparan dos curvas v =1. O_{Ai} son los eventos observados en el iésimo instante en el grupo A y E_{Ai} son los eventos esperados en el iésimo instante, bajo la hipótesis de que solo hay diferencias debidas al azar. O_{Bi} son los eventos observados en el iésimo instante en el grupo B y E_{Bi} son los eventos esperados en el iésimo instante, bajo la hipótesis de que solo hay diferencias debidas al azar.

<u>Prueba de Breslow.</u>- Esta prueba es aplicable cuando los riesgos no son proporcionales y se han estimado las curvas de supervivencia mediante el método de Kaplan Meier. Los cálculos se realizan ponderando por el número de casos, por lo tanto influyen más los tiempos cercanos al comienzo del estudio, porque es cuando más sujetos continúan en él.

<u>Prueba de Tarone–Ware.</u>- Es otra prueba aplicable cuando los riesgos no son proporcionales y se hayan estimado las curvas de supervivencia mediante el método de Kaplan Meier. Los cálculos se realizan ponderando por la raíz cuadrada del número de casos.

3.4 Interacción y confusión entre variables.-

En los análisis estadísticos es muy importante controlar la confusión y la interacción entre variables. El efecto observado entre dos variables puede deberse en todo o en parte al de otra variable asociada con las que se están estudiando.

Por ejemplo, si en un estudio se sigue a un grupo de personas, siendo el evento de interés la aparición de criterios de EPOC, se comparan los resultados entre hombres y mujeres y se encuentran diferencias debidas al sexo; éstas pueden ser debidas a diferencias fisiológicas o a alguna característica asociada al sexo; como hábitos, actividad física, exposición a tóxicos... Si se sospecha que el efecto puede ser debido a que el porcentaje de fumadores es mayor que el de fumadoras, se puede hacer un estudio estratificado controlando el efecto del tabaco. Si las diferencia entre hombres y mujeres se modifica e incluso desaparece, indica que se puede tratar de un efecto de confusión o de interacción, lo cual se puede dilucidar estudiando la relación entre las variables.

3.5 Comparación de curvas de supervivencia con SPSS.- Dada la complejidad de los cálculos que hay que realizar para comparar curvas de Supervivencia, es conveniente hacerlos mediante programas informáticos. Hay que distinguir entre comparación de curvas de supervivencia que se han estimado mediante el método actuarial y el de Kaplan Meier. A continuación se estudian las comparaciones en ambos casos, mediante el paquete SPSS.

3.5.1 Curvas de supervivencia estimadas mediante el método actuarial. Prueba de Wilcoxon Gehan.- Para comparar curvas de supervivencia estimadas mediante el método actuarial SPSS utiliza la prueba de Wilcoxon Gehan.

Veamos un ejemplo: Se quiere saber si el sexo del paciente influye en la supervivencia de los pacientes diagnosticados de cirrosis, cuyos datos están en el ejemplo Cirrosis. Resolver las cuestiones siguientes:

a) Calcular la tabla de vida para hombres y mujeres mediante el método actuarial.

b) Calcular los tiempos medianos de supervivencia para hombres y mujeres.

c) Calcular la supervivencia para hombres y mujeres a los 2000 días de seguimiento y los correspondientes intervalos de confianza del 95%.

d) Estimar si a los 2000 días de vida hay diferencias clínica y estadísticamente significativas entre hombres y mujeres.

e) Representar gráficamente las funciones de supervivencia.

f) Comparar las curvas de supervivencia de hombres y mujeres.

g) Calcular la tabla de vida para hombres y mujeres, en caso de que tengan arañas vasculares y de que no las tengan.

Análisis de la Supervivencia: Regresión de Cox

h) Representar gráficamente las curvas de supervivencia en el caso de que haya arañas vasculares y de que no las haya.

i) Comparar las curvas de supervivencia entre hombres y mujeres si tienen arañas vasculares y si no las tienen.

Abrimos el fichero con el programa SPSS y se analizan los resultados mediante el método actuarial. Siguiendo las recomendaciones explicadas en el capítulo 2 se obtiene la siguiente pantalla:

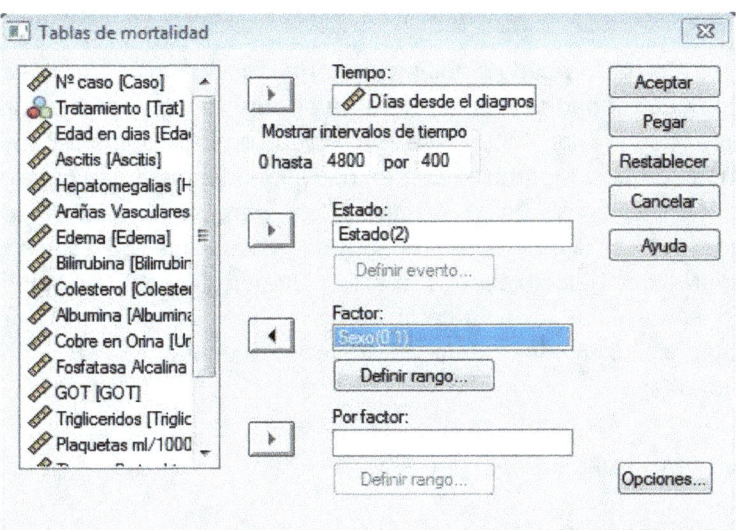

El tiempo se ha definido hasta 4800 días para incluir todas las observaciones, la duración de cada intervalo es de 400 días. El evento de interés es la muerte, que está definido en la variable estado con un 2. En factor se indica la variable que define los grupos, sexo en éste caso, que codifica hombre con 0 y mujer con 1. Observe que factor es la variable agrupadora, la que define los grupos que se quieren comparar. Si la variable tuviera más de tres categorías se podrían comparar más de dos curvas simultáneamente.

Una vez terminada la selección de variables con las que se va a hacer el estudio. Se pulsa la tecla opciones y se obtiene la pantalla siguiente.

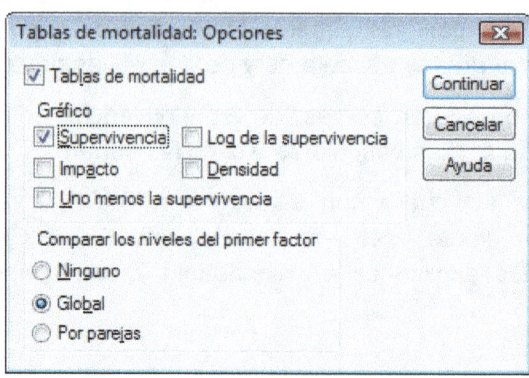

Se ha marcado Tablas de mortalidad, también se selecciona el gráfico correspondiente a la curva de supervivencia y en "Comparar los niveles del primer factor" se ha seleccionado Global. Ésta opción permite comparar todas las curvas correspondientes a las categorías del factor, en este caso solo hay dos. Por parejas se utiliza cuando el Factor tiene más de dos categorías y se quiere hacer todas las comparaciones posibles dos a dos. Una vez hecha la selección de opciones se pulsa la tecla continuar y después aceptar, se obtienen los resultados siguientes, que permiten contestar a las cuestiones planteadas:

a) Tablas de mortalidad

Tabla de mortalidad

Controles de primer orden		Momento de inicio del intervalo	Número que entra en el intervalo	Número que sale en el intervalo	Número expuesto a riesgo	Número de eventos terminales	Proporción que termina	Proporción que sobrevive	Proporción acumulada que sobrevive al final del intervalo	Error típico de la proporción acumulada que sobrevive al final del intervalo	Densidad de probabilidad	Error típico de la densidad de probabilidad	Tasa de impacto	Error típico de tasa de impacto
Sexo	Hombre	,000	43	0	43,000	2	,05	,95	,95	,03	,000	,000	,00	,00
		400,000	41	1	40,500	4	,10	,90	,86	,05	,000	,000	,00	,00
		800,000	36	2	35,000	5	,14	,86	,74	,07	,000	,000	,00	,00
		1200,000	29	3	27,500	5	,18	,82	,60	,08	,000	,000	,00	,00
		1600,000	21	4	19,000	2	,11	,89	,54	,08	,000	,000	,00	,00
		2000,000	15	2	14,000	1	,07	,93	,50	,08	,000	,000	,00	,00
		2400,000	12	0	12,000	2	,17	,83	,42	,09	,000	,000	,00	,00
		2800,000	10	2	9,000	0	,00	1,00	,42	,09	,000	,000	,00	,00
		3200,000	8	1	7,500	1	,13	,87	,36	,09	,000	,000	,00	,00
		3600,000	6	1	5,500	0	,00	1,00	,36	,09	,000	,000	,00	,00
		4000,000	5	1	4,500	2	,44	,56	,20	,10	,000	,000	,00	,00
		4400,000	2	2	1,000	0	,00	1,00	,20	,10	,000	,000	,00	,00
	Mujer	,000	362	0	362,000	29	,08	,92	,92	,01	,000	,000	,00	,00
		400,000	333	4	331,000	24	,07	,93	,85	,02	,000	,000	,00	,00
		800,000	305	15	297,500	23	,08	,92	,79	,02	,000	,000	,00	,00
		1200,000	267	47	243,500	13	,05	,95	,75	,02	,000	,000	,00	,00
		1600,000	207	35	189,500	9	,05	,95	,71	,03	,000	,000	,00	,00
		2000,000	163	30	148,000	12	,08	,92	,65	,03	,000	,000	,00	,00
		2400,000	121	34	104,000	8	,08	,92	,60	,03	,000	,000	,00	,00
		2800,000	79	20	69,000	5	,07	,93	,56	,03	,000	,000	,00	,00
		3200,000	54	15	46,500	9	,19	,81	,45	,04	,000	,000	,00	,00
		3600,000	30	8	26,000	3	,12	,88	,40	,05	,000	,000	,00	,00
		4000,000	19	12	13,000	0	,00	1,00	,40	,05	,000	,000	,00	,00
		4400,000	7	7	3,500	0	,00	1,00	,40	,05	,000	,000	,00	,00

b)

Mediana del tiempo de supervivencia

Controles de primer orden	Tiempo med.
Sexo Hombre	2403,2964
Mujer	3416,3201

En la tabla anterior se muestra la información analizada en el capítulo dos, para cada una de las categorías del factor, en este caso para hombres y mujeres. Las diferencias entre las medianas de supervivencia son clínicamente relevantes. El 50% de las mujeres sobreviven a los 3416 días de seguimiento, mientras que la mitad de los hombres han fallecido antes de 2403 días.

c) En la octava columna de la tabla anterior se muestran las supervivencias al final del intervalo. En este caso buscamos los datos en la fila que comienza con 1600 días de seguimiento, al final de dicho intervalo los días de seguimiento son 2000, puesto que el intervalo tiene una longitud de 400 días.

La supervivencia en hombres a los 2000 días de seguimiento $S_H(2000)$ es 0,54, es decir, la probabilidad de que los hombres vivan más de 2000 días después del diagnóstico es 0,54, mientras que en el caso de las mujeres, esta probabilidad es 0,71; $S_M(2000) = 0,71$.

En la novena columna se muestran los errores estándar de las supervivencias, 0,08 para hombres y 0,03 para mujeres.

Aplicando las fórmulas (2.7) y (2.8) se calculan los intervalos de confianza del 95% para hombres y mujeres.

Los intervalos de confianza para los hombres son los siguientes:

$$L_i = 0,54 - 1,96 \cdot (0,08)$$

$$L_i = 0,3832$$

$$Ls = 0{,}54 + 1{,}96 \cdot (0{,}08)$$

$$Ls = 0{,}6968$$

Los intervalos de confianza para las mujeres son las siguientes:

$$L_i = 0{,}71 - 1{,}96 \cdot (0{,}03)$$

$$L_i = 0{,}6512$$

$$Ls = 0{,}71 + 1{,}96 \cdot (0{,}03)$$

$$Ls = 0{,}7688$$

d) La diferencia entre las supervivencias es DS =0,71-0,54 =0,17, es muy importante, es decir, es clínicamente significativa. Para analizar la influencia del azar se calcula la significación estadística.

Aplicando la expresión (3.1) se calcula si las diferencias son estadísticamente significativas.

$$t_{n_1+n_2-2} = \frac{0{,}71 - 0{,}54}{\sqrt{0{,}03^2 + 0{,}08^2}}$$

En este caso $n_1 + n_2 - 2$, es mayor que 120, por lo tanto se aproxima a la normal. Se considera que las diferencias son estadísticamente significativas si el resultado es mayor que 1,96 o menor que -1,96. Como el resultado es 1,99 que es mayor que 1,96, se concluye que las diferencias son estadísticamente significativas con una significación < 0,05.

La conclusión es que las diferencias de supervivencias a los 2000 días de seguimientos es 0,17, sobreviven más las mujeres que los hombres y la diferencia es poco probable que sea debida al azar:

DS = 0,17   P < 0,05

e) Representar las curvas de supervivencia.

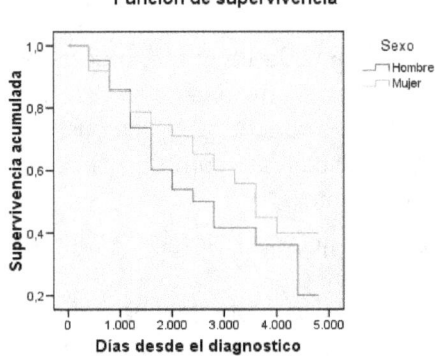

Función de supervivencia

En el gráfico se muestran las dos curvas: Hombres y mujeres, lo que tiene una gran utilidad para estudiar el comportamiento de la función de supervivencia en cada sexo. En éste caso se observa que las curvas son iguales hasta más de mil días después del diagnóstico, a partir de entonces parece que la mortalidad es mayor en hombres que en mujeres.

f) Comparación global de curvas de supervivencia.

Comparaciones globales(a)

Estadístico de Wilcoxon (Gehan)	gl	Sig.
2,010	1	,156

a Las comparaciones son exactas.

En la tabla anterior se muestran los resultados correspondientes a la prueba de Wilcoxon-Gehan. La hipótesis nula es que no hay diferencia entre las curvas. Por lo tanto, si la significación estadística fuera menor que 0,05 se consideraría que las diferencias entre las curvas son debidas al sexo, siendo pequeña la probabilidad de que sean consecuencia del azar. En este caso la significación es 0,156, no se puede rechazar la hipótesis nula y se concluye que la probabilidad de que las diferencias observadas sean debidas al azar es importante. No se considera que haya suficiente evidencia para considerar que las diferencias son estadísticamente significativas.

Debe tenerse en cuenta que la prueba estadística aplicada hace una comparación global de las curvas. Se pueden comparar la supervivencia en puntos concretos en los que si puede haber diferencias estadísticamente significativas, como en la comparación realizada a los 2000 días de seguimiento.

g) Arañas vasculares.

Hay que calcular la tabla de vida entre hombres y mujeres, para el caso de que haya arañas vasculares y de que no las haya.

En la pantalla del método actuarial en la fila inferior indica Por Factor; aquí se puede incluir otra variable categórica en cuyo caso hará análisis de supervivencia para cada valor de la variable. Por lo tanto se hará una comparación de curvas de supervivencia entre hombres y mujeres que tengan arañas vasculares y otra comparación para pacientes que no tengan arañas vasculares.

En el ejemplo anterior en por Factor, se selecciona la variable arañas vasculares, que está codificada con No, 0 y Sí, con 1.

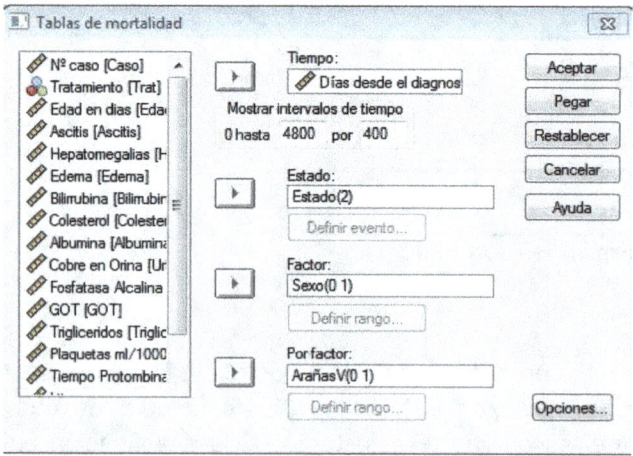

En opciones se seleccionan los mismos elementos que antes, es decir, la tabla, la curva de supervivencia y la comparación global se obtienen los resultados siguientes:

En primer lugar se muestra una tabla con la información habitual de las tablas de mortalidad para hombres y mujeres estratificando para cada valor de la variable arañas. Hay cuatro tablas de mortalidad: no arañas vasculares para hombres; no arañas vasculares para mujeres; si arañas vasculares para hombres; si arañas vasculares para mujeres. Dicha tabla se omite en este texto.

Mediana del tiempo de supervivencia

Controles de segundo orden		Controles de primer		Tiempo med.
Arañas Vasculares	no	Sexo	Hombre	2253,0693
			Mujer	3974,3454
	sí	Sexo	Hombre	3200,0000
			Mujer	1849,1637

Las diferencias entre los tiempos medianos son importantes. En el caso de que no haya arañas vasculares el 50% de los hombres han fallecido antes de los 2253 días después del diagnóstico, mientras que en las mujeres el 50% de mortalidad no se observa hasta los 3974 días de seguimiento. La diferencia es notable.

En el caso de que haya arañas vasculares se observa que disminuye mucho la supervivencia de las mujeres y aumenta la de los hombres, pero solo hay 4 hombres que presentan arañas vasculares, por lo tanto no son datos relevantes. Hay 86 mujeres que tienen arañas vasculares y se observa un fuerte aumento de la mortalidad respecto a las que no tienen arañas vasculares.

h) Graficos de las curvas de supervivencia.

A continuación se muestran los gráficos correspondientes a las curvas de supervivencia para hombres y mujeres estratificando para presencia o ausencia de arañas vasculares.

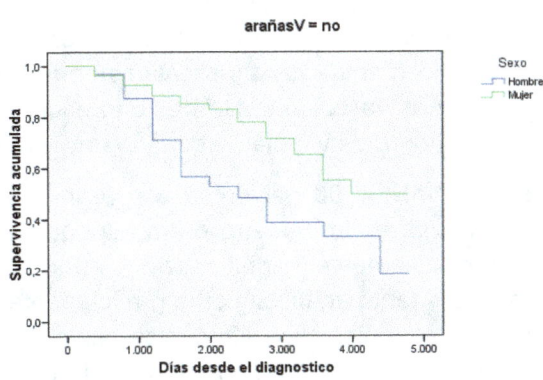

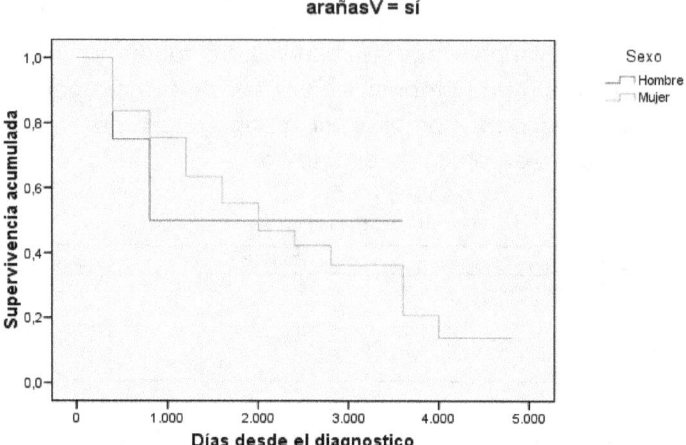

arañasV = sí

Observese que en el caso de hombres que tienen arañas vasculares solo hay 4, consecuentemente, al estar basada en tan pocos casos la curva no es relevante.

h) Comparación de supervivencias.

Comparaciones globales

Controles de segundo orden		Estadístico de Wilcoxon (Gehan)	gl	Sig.
arañasV	0	11,464	1	,001
	1	,100	1	,752

a. Las comparaciones son exactas.

La prueba estadística de Wilcoxon Gehan indica que hay diferencias estadísticamente muy significativas entre hombres y mujeres cuando no hay arañas vasculares. No hay diferencias estadísticamente significativas entre hombres y mujeres cuando hay arañas vasculares.

En el archivo hay 90 pacientes con arañas vasculares de los que solo 4 son hombres, la muestra es muy pequeña por eso no hay diferencias estadísticamente significativas, aunque las diferencias parecen importantes tanto analítica como gráficamente. Sin embargo en el caso de arañas ausentes hay diferencias clínica y estadísticamente muy significativas, $P < 0,01$, entre hombres y mujeres.

3.5.2 Comparación de curvas de supervivencia estimadas mediante el método de Kaplan Meier. Prueba del Rango Logarítmico (Log Rank).-

Al igual que en el caso anterior se va a estudiar como realizar esta técnica mediante ejemplos prácticos. Para comparar curvas de supervivencia estimadas mediante el método de Kaplan Meier, SPSS permite aplicar las pruebas del Rango Logarítmico, la de Breslow o la de Tarone Ware. La más aplicada es la del Rango Logarítmico (Log Rank).

Utilizando el archivo referente a trasplantes renales, comparar las curvas de supervivencia de hombres y mujeres. Resuelva las siguientes cuestiones:

a) Estimar las curvas de supervivencia de hombres y mujeres mediante el método de Kaplan-Meier.

b) Calcular y comentar las medias y medianas de supervivencia de hombres y mujeres.

c) Comentar la representación gráfica de las curvas de supervivencia.

a) Uno de los objetivos del estudio es comparar la supervivencia entre hombres y mujeres. Seleccione en el menú Analizar, Supervivencia y Kaplan-Meier. Se obtiene la pantalla siguiente:

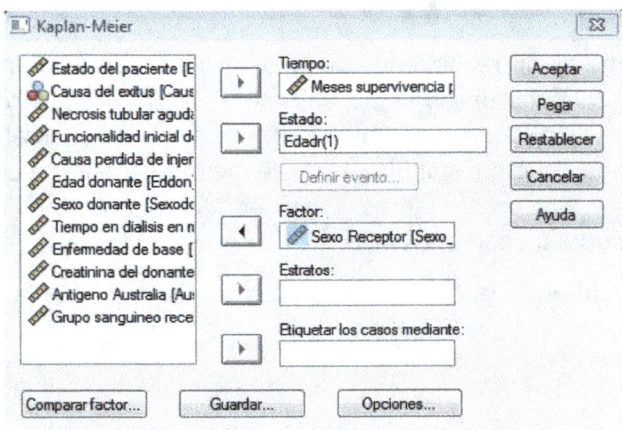

En primer lugar se ha seleccionado la variable temporal que es Tiempo_S, que contiene los meses de supervivencia; después la variable Estado en la que se define el evento de interés, muerto, codificada con el valor 1. En factor se selecciona la variable que define las curvas a comparar: Sexo del Receptor en éste caso. Si la variable tuviera más de dos categorías se estimaría la curva para cada categoría.

Observe que al seleccionar una variable en factor la tecla "Comparar Factor..." en la línea inferior a la izquierda se resalta, permitiendo solicitar las comparaciones y el test estadístico que se quiere realizar; las posibilidades se comentan más adelante.

A continuación se pulsa la tecla opciones y se obtiene la pantalla siguiente:

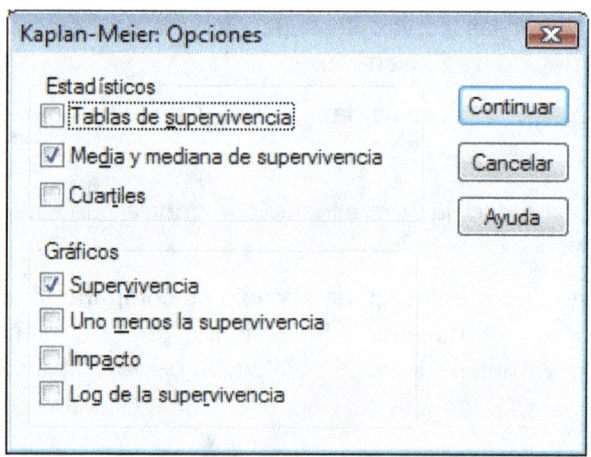

En general, se recomienda desmarcar la tabla de supervivencia porque si hay muchos casos como en éste ejemplo la tabla será muy grande y poco útil, aunque si se quieren analizar valores concretos de la supervivencia hay que consultarla. En este caso se mostraría una tabla para hombres y otra para mujeres. Se piden los valores de la media y mediana y la curva de supervivencia.

Pulsando en la tecla "Comparar Factor..." se obtiene la pantalla siguiente:

Análisis de la Supervivencia: Regresión de Cox

En la pantalla anterior se puede seleccionar el test mediante el que se quiere realizar la comparación de curvas de supervivencia. Las pruebas que ofrece SPSS son: la prueba del Rango Logarítmico (log Rank), la de Breslow y la deTarone-Ware. En éste caso se selecciona Log Rango.

Se pueden pedir los tres test a la vez y los resultados pueden diferir, lo correcto es hacer el test previsto en los objetivos; no tiene ningún sentido preferir los resultados significativos o no significativos. Un trabajo de investigación consiste en intentar conocer la realidad, sea la que sea, por eso se debe elegir un test *a priori* que si se cumplen las condiciones de aplicabilidad casi siempre es el de Log Rank, Log Rango con SPSS.

En la parte inferior de la pantalla hay cuatro posibilidades cuyo nombre puede llevar a error porque en todas está la palabra estrato, sin embargo las de la primera fila son las que se utilizan cuando hay un factor, pero no variable estratificadora, como es el caso.

Combinada sobre los estratos es la opción por defecto y hace las comparaciones entre todas las curvas definidas por la variable factor, sexo en este caso, tantas como categorías tiene el factor, si hay más de dos esta opción únicamente indica si hay diferencias entre una curva y las demás.

Por parejas sobre los estratos hace comparaciones dos a dos, entre todas las parejas de valores posibles definidos por la variable factor. Tiene interés cuando el factor tiene más de dos categorías, cuando solo tiene dos el resultado es el mismo que en la opción anterior.

En el siguiente apartado: Análisis estadístico estratificado con SPSS, se analizan las otras dos opciones.

Una vez realizadas las operaciones anteriores se obtienen los siguientes resultados:

Resumen del procesamiento de los casos

Sexo Receptor	Nº total	Nº de eventos		Censurado	
		Nº	Porcentaje	Nº	Porcentaje
Hombre	919	164		755	82,2%
Mujer	452	53		399	88,3%
Global	1371	217		1154	84,2%

La primera tabla es muy interesante, nos muestra el número de casos que hay en cada grupo, los eventos y casos censados, es decir, censurados.

b) Tabla de medias y medianas.

Medias y medianas del tiempo de supervivencia

Sexo Receptor	Media[a]				Mediana			
	Estimación	Error típico	Intervalo de confianza al 95%		Estimación	Error típico	Intervalo de confianza al 95%	
			Límite inferior	Límite superior			Límite inferior	Límite superior
Hombre	180,707	4,545	171,800	189,615	.	.	.	.
Mujer	226,028	8,754	208,870	243,186	.	.	.	.
Global	206,626	4,863	197,095	216,157	.	.	.	.

a. La estimación se limita al mayor tiempo de supervivencia si se ha censurado.

En la tabla anterior se muestra el tiempo medio de supervivencia para cada grupo con sus correspondientes intervalos de confianza. La diferencia entre hombres y mujeres es importante, habrá que estudiar si hay características asociadas, como edad, hábitos... o las diferencias son debidas al sexo por razones fisiológicas. Los datos correspondientes a la mediana no se dan porque durante el tiempo de observación no se ha alcanzado un 50% de mortalidad en ninguno de los dos grupos. Observe que el tiempo para una supervivencia del 50%, es el mismo que para un 50% de mortalidad.

C) Comentar las curvas de supervivencia.

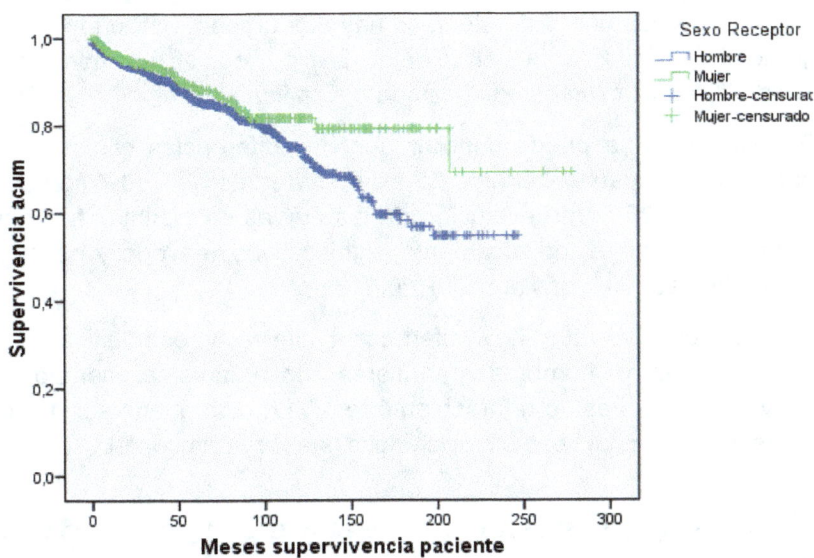

En el gráfico anterior se muestran las curvas de supervivencia para hombres y mujeres, se observa que hasta los cien meses después del trasplante las supervivencias son prácticamente iguales, pero a partir de ese momento en hombres es mayor. Durante el tiempo de observación, ninguno de los dos grupos llega a tener una mortalidad del 50%, por eso no se muestran los tiempos medianos.

En la tabla siguiente se muestran los resultados de la comparación de las curvas de supervivencia de hombres y mujeres, mediante la prueba del Rango Logarítmico.

Comparaciones globales

	Chi-cuadrado	gl	Sig.
Log Rank (Mantel-Cox)	6,126	1	,013

El valor del estadístico es 6,126 que comparando con las tablas correspondientes de la distribución χ^2 con un grado de libertad corresponde, aproximadamente, a una significación estadística de 0,013; los grados de libertad son igual al número de grupos definidos por el factor menos uno. En este caso hay dos grupos, por lo tanto, hay un grado de libertad. Como el valor de la significación es menor que 0,05, las diferencias son estadísticamente significativas.

En éste caso se puede concluir que hay diferencias clínicamente importantes: la supervivencia media en hombres es de 180,7 meses y en mujeres de 225,7 y la evolución de las curvas es distinta. Además, las diferencias son estadísticamente significativas, es decir, es poco probable que sean debidas al azar P=0,013.

Se concluye que hay diferencias clínica y estadísticamente significativas, entre hombres y mujeres, en cuanto al tiempo de supervivencia después de un trasplante renal. Lo cual puede ser debido a causas inherentes al sexo o características asociadas con él.

3.5.3 Análisis estadístico estratificado con SPSS.-

Al comparar curvas de supervivencia mediante el método de Kaplan Meier con SPSS, se puede añadir otro factor para realizar un análisis estratificado. En la pantalla correspondiente a la definición de las variables que van a intervenir en la comparación de curvas de supervivencia que se quiere realizar en *Comparar Factor* se puede seleccionar el test mediante el que se quieren realizar las comparaciones de supervivencia. Además, hay cuatro posibilidades de análisis estratificado, teniendo en cuenta las relaciones entre las variables Factor y Estratos: a) Combinada sobre los estratos; b) Por parejas sobre los estratos; c) Para cada estrato; d) Por parejas en cada estrato.

A continuación se va a comparar la supervivencia entre hombres y mujeres y como variable estratificadora el Grupo Sanguíneo del receptor que tiene cuatro categorías: Grupo O; Grupo A; Grupo B y Grupo AB.

Se seleccionan las variables definidas en la pantalla siguiente:

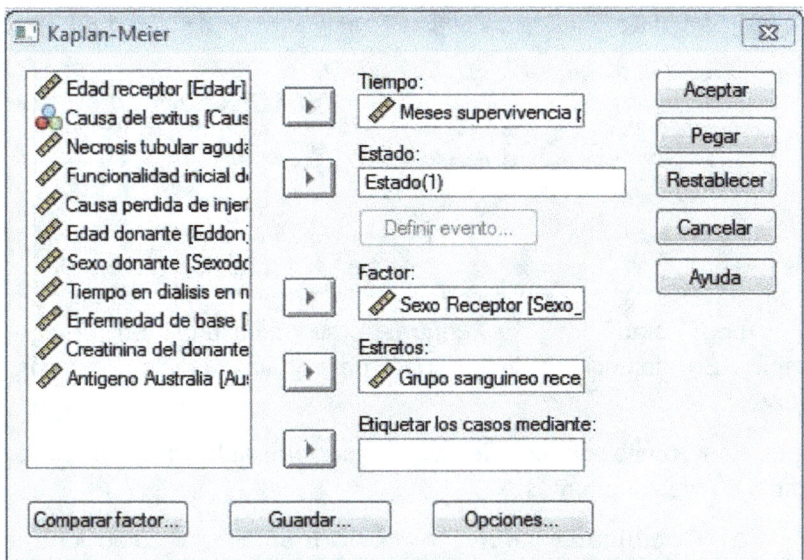

Pulsando en opciones se obtiene la pantalla siguiente:

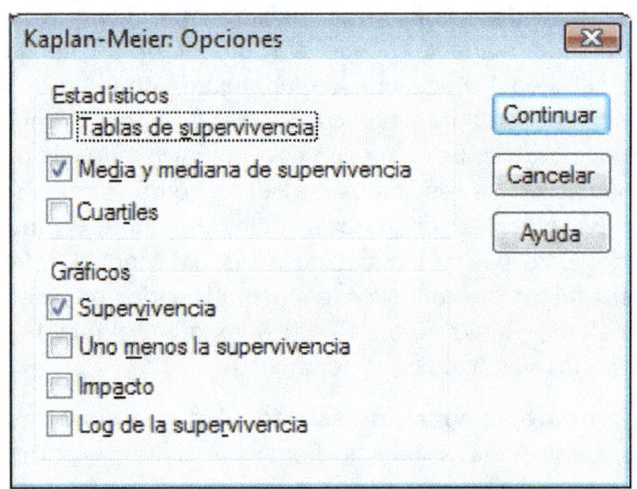

Como en el ejemplo anterior se desmarca la tabla y se marcan la tabla de medias y de medianas y el gráfico de supervivencia.

Para el análisis estratificado pulsar la opción: Comparar Factor..., se obtiene la pantalla siguiente:

Los estadísticos de contraste se explicaron en el anterior ejemplo. Se selecciona Log rango para hacer la comparación de medias.

Las posibilidades de estratificación aplicadas al presente ejemplo son las siguientes:

a) **Combinada sobre los estratos.** Si se selecciona esta opción, se realiza una comparación global de las curvas de supervivencia definidas por el factor, ajustando los resultados teniendo en cuenta el efecto de la variable estratificadora. Esta opción es útil para comprobar si esta variable puede ser un factor de confusión o un modificador del efecto. Por ejemplo, supongamos que en un estudio de supervivencia se comparan las curvas de hombres y mujeres y se encuentran diferencias, se sospecha que fumar puede ser una variable que haya influido en los resultados, se define como estrato ésta variable y se observa que las diferencias entre hombres y mujeres han desaparecido. Esto puede ser debido a que la variable estratificadora, fumar, es un factor de confusión o un modificador del efecto, lo que habrá que estudiar analizando las relaciones entre el factor y el estrato, es decir, entre las variable sexo y fumar.

b) **Por parejas sobre los estratos.** Esta opción permite analizar la influencia entre las variables Factor y Estratos para todas las comparaciones posibles, por pares, entre las categorías de la variable Factor. Observe que si la variable Factor es dicotómica no habrá diferencias entre esta opción y la anterior. Al igual que en el caso anterior se puede comprobar si hay alguna relación especial entre el factor y la variable estratificadora.

c) **Para cada estrato.** Esta opción hace una comparación global entre las funciones de supervivencia de los valores del factor para cada uno de los valores de la variable estratificadora. Si la variable Factor es

Sexo del receptor y la variable Estrato es el Grupo Sanguíneo del receptor, mediante esta opción se obtendría una comparación de la supervivencia entre hombres y mujeres para cada tipo de grupo sanguíneo, es decir, cuatro comparaciones en este caso.

d) **Por parejas en cada estrato.** Esta opción permite analizar todas las comparaciones posibles por pares entre las categorías de la variable Factor, para cada valor de la variable Estratos. Observe que si la variable Factor es dicotómica no habrá diferencias entre esta opción y la anterior. Si la variable Factor tuviera tres categorías A, B y C; se compararían las curvas A y B; A y C; B y C, para cada uno de los valores de la variable estratificadora. Por ejemplo, si la variable Factor tuviera 3 categorías y la estratificadora cuatro se harían 12 comparaciones.

En el ejemplo se ha seleccionado la opción: Para cada Estrato. Los resultados obtenidos son los siguientes:

Resumen del procesamiento de los casos

Grupo sanguineo receptor	Sexo Receptor	N° total	N° de eventos	Censurado	
				N°	Porcentaje
0	Hombre	367	70	297	80,9%
	Mujer	182	25	157	86,3%
	Global	549	95	454	82,7%
A	Hombre	389	62	327	84,1%
	Mujer	201	23	178	88,6%
	Global	590	85	505	85,6%
B	Hombre	117	24	93	79,5%
	Mujer	44	4	40	90,9%
	Global	161	28	133	82,6%
AB	Hombre	41	7	34	82,9%
	Mujer	19	1	18	94,7%
	Global	60	8	52	86,7%
Global	Global	1360	216	1144	84,1%

En la tabla anterior se muestra para cada valor de la variable estratificadora, es decir, para cada grupo sanguíneo el número de pacientes, los eventos observados y los casos censados, censurados.

Medias y medianas del tiempo de supervivencia

Grupo sanguíneo receptor	Sexo Receptor	Media[a]				Mediana			
		Estimación	Error típico	Intervalo de confianza al 95%		Estimación	Error típico	Intervalo de confianza al 95%	
				Límite inferior	Límite superior			Límite inferior	Límite superior
0	Hombre	179,409	7,286	165,129	193,690	.	.	.	.
	Mujer	196,140	19,281	158,350	233,931	207,833	54,724	100,575	315,092
	Global	196,115	8,429	179,594	212,636	.	.	.	.
A	Hombre	176,975	5,800	165,607	188,344	.	.	.	.
	Mujer	221,712	7,813	206,399	237,026	.	.	.	.
	Global	204,674	5,744	193,415	215,933	.	.	.	.
B	Hombre	150,509	9,430	132,026	168,991	163,667	4,681	154,492	172,842
	Mujer	248,733	14,631	220,056	277,410	.	.	.	.
	Global	194,287	13,769	167,300	221,273	.	.	.	.
AB	Hombre	187,130	19,581	148,751	225,509	.	.	.	.
	Mujer	219,996	22,048	176,781	263,211	.	.	.	.
	Global	197,255	15,629	166,623	227,887	.	.	.	.
Global	Global	206,685	4,865	197,150	216,220	.	.	.	.

a. La estimación se limita al mayor tiempo de supervivencia si se ha censurado.

En la tabla anterior se muestran los tiempos medios y los medianos para los grupos en los que se ha observado una mortalidad del 50%, que son las mujeres con grupo sanguíneo O y hombres con grupo sanguíneo B. Se observan diferencias clínicamente importantes entre las medias de supervivencia en hombres y mujeres en todos los grupos. La prueba del Rango Logarítmico nos permitirá saber si las diferencias entre las curvas son estadísticamente significativas.

Comparaciones globales

Grupo sanguíneo		Chi-cuadrado	gl	Sig.
0	Log Rank (Mantel-Cox)	1,619	1	,203
A	Log Rank (Mantel-Cox)	1,459	1	,227
B	Log Rank (Mantel-Cox)	2,449	1	,118
AB	Log Rank (Mantel-Cox)	1,203	1	,273

Prueba de igualdad de distribuciones de supervivencia para diferentes niveles de Sexo Receptor.

En la tabla anterior se muestran los resultados correspondientes a la prueba del Rango Logarítmico. No se han encontrado diferencias estadísticamente significativas. Ésta prueba no compara medias, entre las que se observan diferencias importantes, sino que compara globalmente las curvas. La conclusión es que las diferencias en supervivencia entre hombres y mujeres no son estadísticamente significativas en ninguno de los grupos sanguíneos. Sin embargo, en el caso anterior cuando se compararon globalmente las curvas de supervivencia entre hombres y mujeres, sin tener en cuenta los grupos sanguíneos, si se encontraron diferencias estadísticamente significativas. La explicación es que al estudiarlas por grupos se pierde potencia estadística porque el tamaño muestral se divide.

Análisis de la Supervivencia: Regresión de Cox

Los gráficos siguientes muestran las curvas de supervivencia de hombres y mujeres para cada valor de la variable estratificadora, es decir, para cada grupo sanguíneo.

Observe que como muestra la tabla de medias y de medianas de supervivencia, solo se ha llegado a una mortalidad del 50% en mujeres con grupo sanguíneo 0 y hombres con grupo sanguíneo B.

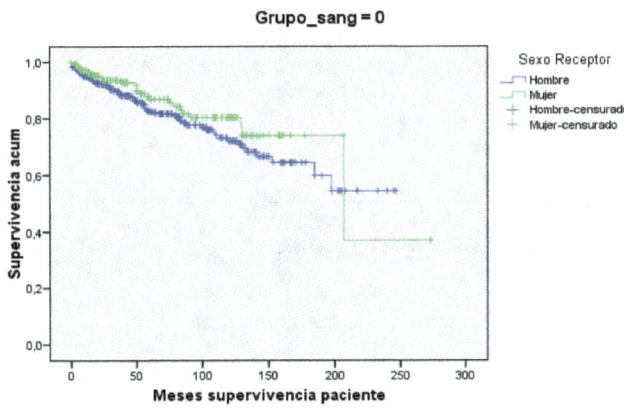

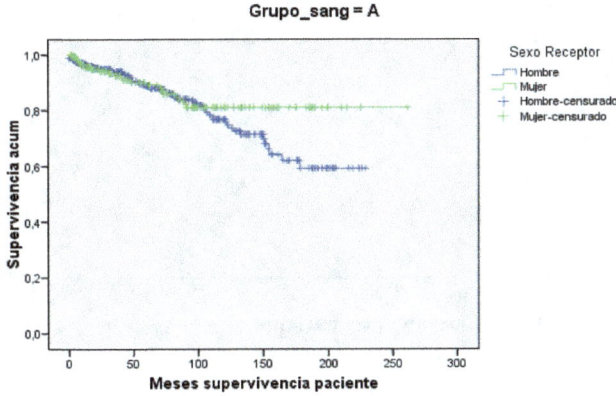

Funciones de supervivencia

Grupo_sang = B

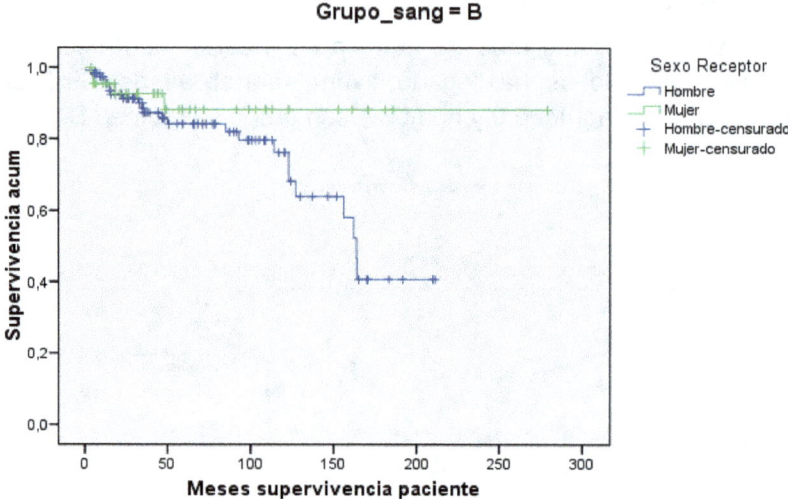

Funciones de supervivencia

Grupo_sang = AB

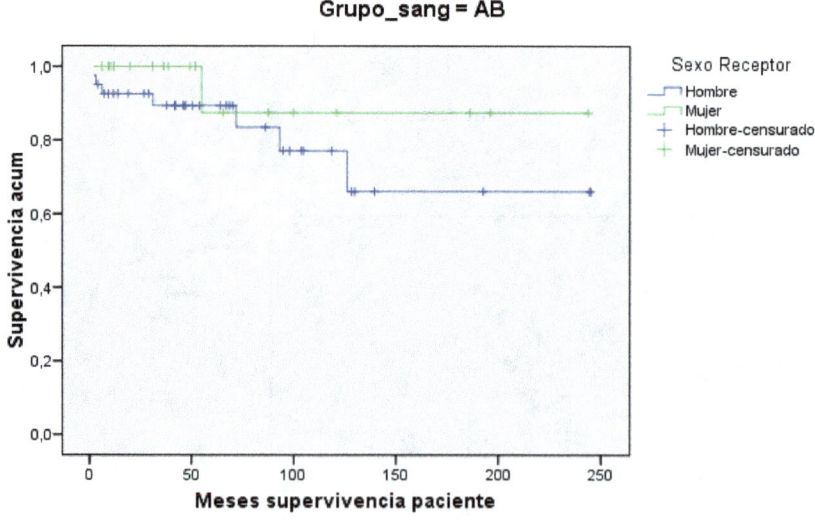

Ejercicios

Ejercicio 3.1.- En un estudio se analiza la supervivencia de pacientes afectados de un determinado tumor tratados con dos tratamientos diferentes: A y B. La supervivencia a los tres años es de 0,87 en los tratados en el grupo A con un error estándar de 0,034 y en el grupo B es de 0,77 con un error estándar de 0,027. El número de pacientes que quedan en el estudio a los tres años es de 325 en el grupo A y de 421 en el B.

a) Calcular intervalos con una confianza del 95% para la supervivencia a los tres años en los dos grupos.

b) ¿Hay diferencias clínica y estadísticamente significativas entre los grupos a los tres años de seguimiento?

Ejercicio 3.2.- El ejemplo Tabaco contiene los datos correspondientes a pacientes que tratan de abandonar el hábito tabáquico. El evento de interés es la recaída, es decir, se estudia la supervivencia de la abstinencia; se indica el tiempo en semanas hasta la recaída o la pérdida del paciente. Hay dos tipos de tratamiento parche de nicotina o esta sustancia en spray. A partir de los datos contenidos en el fichero resolver los ejercicios siguientes:

a) Estudiar si tomar alcohol influye en el tiempo sin fumar.
b) Estudiar si el tipo de tratamiento influye en la abstinencia del hábito de fumar.
c) Estudiar si el tipo de tratamiento influye en el tiempo sin fumar, en hombres y mujeres.

Bibliografía

Breslow, N.E. (1970). A generalized Kruskal-Wallis test for comparing K samples subject to unequal patterns of censorship. Biometrika, 57, 579-594.

Breslow, N.E. (1974). Covariance analysis of censored survival data. Biometrics 30, 89-99.

Tarone RE, Ware J. On distribution-free tests for equality of survival distributions.Biometrika. 1977;64:156-60.

Miller, R.G. (1981). *Survival Analysis*. N.Y.: John Wiley & Sons, Inc.

Lee, E.T. (1992). *Statistical methods for survival data analysis*. New York: John Wiley & Sons.

Altman DG, Bland JM. Time to event (survival) data. Br Med J 1998;317:468-9.

Lou WYW, Lan KG. A note on the Gehan-Wilcoxon statistic. Commun Statist Theory Meth. 1998;27:1453-9.

Collett, D. (2003). *Modelling Survival Data in Medical Research, 2da. Edición*. Boca Ratón: Chapman & Hall.

Lawless, J.F. (2003). *Statistical Models and Methods for Lifetime Data, 2da Edicion*. N.Y.: John Wiley & Sons, Inc.

Letón, E.; Zuluaga, P. (2006) "Como elegir el test adecuado para comparar curvas de supervivencia", *Medicina Clínica* 127(3): 96-99.

Pablo Martínez-Camblor Revista de Matemática: Teoria y Aplicaciones 2010 17(1) : 41-52.

SPSS Advanced Statistical Procedures Companion SPSS Inc. Chicago 2009 EE.UU.

Capítulo 4

Análisis de la supervivencia multivariante

Modelos de riesgos proporcionales:

regresión de Cox

En éste capítulo se analiza el modelo de regresión de Cox. Estimación de las funciones de riesgo y de supervivencia e interpretación de los coeficientes de regresión de Cox, β_i. La razón de riesgos instantáneos, más conocida como hazard ratio, HR, es otro de los conceptos importantes que se comentan en este capítulo. El capítulo termina con la realización de ejercicios utilizando el paquete estadístico SPSS.

4.1 El modelo de Cox.- Mediante el método de Kaplan–Meier se pueden estudiar simultáneamente K curvas de supervivencia, es decir, se tiene en cuenta una variable agrupadora, además de la temporal y la que define el estado de los elementos en estudio. También se puede incluir una variable estratificadora, pero en muchos casos no es suficiente porque es necesario estudiar otras variables tanto categóricas como cuantitativas. Se han sugerido muchos modelos de regresión aplicables en el análisis de supervivencia, el más utilizado es el propuesto por Cox en 1972.

El modelo de regresión de Cox respecto a la función de riesgo es de la forma:

$$h(t; x_1, x_2, \ldots, x_k) = h_0(t)\, \Phi(x_1, x_2, \ldots, x_k)$$

El modelo expresa que el riesgo depende del tiempo y de k variables independientes del tiempo, estas variables pueden ser el nivel de colesterol, el sexo, fumar...; $h_0(t)$ es el riesgo cuando todas las variables independientes del tiempo valen cero, se le denomina riesgo basal. Es importante tener en cuenta que el riesgo basal no es el que tienen los pacientes al comienzo, es decir, para t=0. Por ejemplo, si en un estudio hay dos variables independientes del tiempo: fumar codificada con 0 para no fumadores y 1 para fumadores; y beber codificada con 0 para no bebedores y 1 para bebedores, el riesgo basal sería el correspondiente a los pacientes no fumadores y no bebedores, porque es cuando valen cero todas las variables independientes del tiempo.

El modelo de Cox es aplicable independientemente del tipo de función de riesgo. La condición de aplicabilidad es que los riesgos sean proporcionales que es lo que le da el nombre al modelo, o sea, la razón de riesgos tiene que ser independiente del tiempo. El modelo tiene que ser congruente, es decir, que el campo de variabilidad de los dos miembros de la ecuación sea el mismo. Uno de los modelos matemáticos más utilizados es el siguiente:

$$l_n\left(\frac{h(t; x_1, x_2, \ldots, x_k)}{h_0(t)}\right) = \beta_1 x_1 + \beta_2 x_2 + \cdots + \beta_k x_k$$

$$= \sum_{i=1}^{k} \beta_i x_i \quad (4.1)$$

Si se despeja el cociente de riesgos, es decir, la razón de riesgos, el riesgo relativo:

$$\frac{h(t; x_1, x_2, \ldots, x_k)}{h_0(t)} = e^{\sum_{i=1}^{k} \beta_i x_i} \quad (4.2)$$

La expresión anterior es la que da nombre al modelo, el riesgo relativo instantáneo, también denominado hazard ratio, es proporcional a las variables x_i y es independiente del tiempo. Observe que tanto el riesgo basal, h_0, como h dependen del tiempo, pero el riesgo relativo no. Esto quiere decir que el riesgo relativo es igual al principio que al final o en medio del estudio.

La razón de riesgos instantáneo, *hazard ratio* que suele denotarse por HR, es el cociente entre dos riesgos en un instante determinado, calculado entre los individuos o elementos en los que no ha ocurrido el evento antes de dicho instante. Este es uno de los parámetros más utilizados en regresión de Cox. Es un riesgo relativo, puesto que es una razón de riesgos, pero con unas características especiales.

En español lo correcto es denominar riesgo relativo instantáneo al cociente entre dos riesgos en un instante determinado, sobre todo en los modelos de Cox, pero es muy frecuente denominarle *hazard ratio*, HR, en la bibliografía internacional, incluso en textos en español. En este texto se usarán las dos denominaciones.

El modelo se suele expresar de la manera siguiente:

$$h(t;x) = h_0(t) \ e^{\sum_{i=1}^{k} \beta_i x_i} \quad (4.3)$$

Al exponente $\sum_{i=1}^{k} \beta_i x_i$ se le denomina índice predictivo.

Ejemplo 4.1.- En un modelo de regresión de Cox el evento de interés es la muerte y hay una sola variable independiente del tiempo: fumar. Se da el valor x=1 para fumadores y x=0 para no fumadores. Plantear un modelo de Cox.

El riesgo relativo es:

$$\frac{h(t;x=1)}{h_0(t)} = e^{\beta}$$

El riesgo relativo instantáneo, HR, de morir de los fumadores respecto a los no fumadores es igual a e^{β}, que es independiente del tiempo. Esto significa que los fumadores tienen e^{β} más riesgo de morir que los no fumadores en todo instante, es decir, es el mismo en el quinto día del estudio que el quinto año; en caso de que el estudio durara cinco o más años. Si conociéramos el valor de β, podríamos saber el del riesgo relativo instantáneo de manera inmediata.

El cálculo de los riesgos se consigue determinando los coeficientes beta. El modelo también permite conocer el valor de las funciones de supervivencia, entre las que también hay proporcionalidad:

$$S_0(t) = e^{-\int_0^u h(t)\,dt} \quad (4.4)$$

$$S(t; x_1, x_2, \ldots, x_k) = e^{-\int_0^u h(t; x_1, x_2, \ldots, x_k)\,dt} \quad (4.5)$$

En las expresiones anteriores u es un tiempo determinado. Sustituyendo en la expresión anterior la función de riesgo h(t;xi), según la expresión (4.3):

$$S(t; x_1, x_2, \ldots, x_k) = e^{-\int_0^u e^{\sum_{i=1}^k \beta_i x_i} h(t)\,dt} \quad (4.6)$$

Sustituyendo en la expresión anterior el valor de S_0 y de γ según la definición siguiente, se obtiene la expresión 4.8, que permite calcular la supervivencia.

$$\gamma = e^{\sum_{i=1}^k \beta_i x_i} \quad (4.7)$$

$$S(t; x_1, x_2, \ldots, x_k) = S_0(t)^\gamma \quad (4.8)$$

Una vez conocidos los valores de los coeficientes beta y gamma, se puede calcular los valores de las funciones de riesgo y de supervivencia.

Ejemplo 4.2.- Dos grupos de pacientes afectados de cáncer de colon son tratados con terapias diferentes A y B. Se codifican en la variable con 0 y 1, respectivamente; observe que en este caso en el modelo solo hay una variable independiente del tiempo. Se determina el valor de beta que es 0,68. La supervivencia a los tres años en el grupo A es 0,76. Se cumplen los criterios de aplicabilidad del método de Cox.

a) Calcular la relación entre las funciones de riesgo de ambos tratamientos.
b) Calcular la supervivencia a los tres años en el grupo B.

a) Teniendo en cuenta que x=0 para el grupo A. El riesgo basal, $h_0(t)$ es el riesgo cuando todas las variables independientes del tiempo incluidas en el modelo valen 0, en este caso solo hay una.

El modelo matemático de Cox para una variable es:

$h(t;x) = h_0(t)\, e^{\beta x}$

Para los pacientes tratados con la terapia A, x=0:

$h(t;x) = h_0(t)\, e^{0}$; consecuentemente $h(t;x) = h_0(t)$

Para los pacientes tratados con la terapia B, x=1:

$h(t;x) = h_0(t)\, e^{\beta} = h_0(t)\, e^{0,68}$; consecuentemente:

$h(t;x) = h_0(t) \cdot 1{,}97$

El riesgo relativo instantáneo, *hazard ratio*, HR, entre los tratados con la terapia B, respecto a los tratados con La A, es el cociente entre las dos funciones.

$$HR = \frac{h_0(t)\, e^{0,68}}{h_0(t)}$$

Para todo instante el riesgo de morir en el grupo B, es 1,97 veces mayor que en el grupo A.

b) $S(t;x) = S_0(t)^{y}$

Para el grupo A, $S_{3años}(t;x=0) = 0{,}76$.

Para el grupo B, $S_{3\ años}(t;x=1) = 0{,}76^{1,97} = 0{,}58$.

A los tres años la supervivencia en el grupo A es 0,76 y 0,58 en el grupo B.

4.2 Estimación de los coeficientes, β, de las variables independientes del tiempo.- El cálculo de los estimadores de los coeficientes de regresión logística es complejo, no obstante conviene que el lector se familiarice con algunos términos que aparecen frecuentemente en la bibliografía, como función de verosimilitud, o logaritmo de la función de verosimilitud, máxima verosimilitud, etc. La estimación de los coeficientes β se puede realizar

mediante diversos métodos, pero el más utilizado es el de máxima verosimilitud.

Un parámetro muy utilizado en regresión logística y en los modelos de Cox es -2LLo(β), se suele utilizar como estadístico de contraste de hipótesis del modelo. SPSS realiza el contraste de hipótesis del modelo evaluando este parámetro.

Los estimadores de regresión de Cox se determinan calculando los valores que hacen máxima la función de verosimilitud o su logaritmo. El cálculo se hace mediante el método de Newton-Raphson, que consiste en derivadas sucesivas e iteraciones. Los cálculos son complicados, sobre todo en el modelo múltiple en el que algunos de los elementos de las ecuaciones son matrices. Hace falta un tamaño mínimo de la muestra, se suele recomendar como mínimo un tamaño muestral diez veces mayor que el número de variables incluidas en el modelo, contando a la variable dependiente.

$$n \geq 10 \ (K+1)$$

Si hay 3 variables independientes, K = 3, el número mínimo de casos es de 40.

A los estimadores de los coeficientes de regresión logística, se les denota mediante la letra β minúscula con un subíndice que indique a que variable independiente corresponde y un ángulo sobre dicha letra: $\hat{B}_i = \beta_i$.

Una vez calculados mediante programas informáticos los coeficientes β_i, el cálculo de probabilidades es muy sencillo. Los datos deben proceder de un muestreo aleatorio y las probabilidades calculadas son una estimación de las poblacionales.

4.3 Cálculo de riesgos relativos instantáneos, *hazard ratio*, mediante el modelo de Cox.- En los ejemplos anteriores se han calculado riesgos relativos instantáneos, a partir de modelos de Cox, sencillos, con una sola variable independiente del tiempo, que además era dicotómica. Riesgo relativo instantáneo es un cociente entre dos situaciones distintas, el caso más sencillo ya se ha estudiado, pero, en general, hay

diferencias más complejas como variables cualitativas con más de dos categorías, incluso cuantitativas, siendo muchas las posibilidades de comparación.

Por ejemplo, si una variable es consumo de alcohol con tres categorías: 0 abstemio, 1 menos de 200 gramos a la semana y 3 doscientos o más gramos a la semana; en este caso se pueden calcular tres riesgos relativos distintos: tomar doscientos o más gramos respecto a no tomar nada; tomar más de doscientos gramos respecto a tomar menos de doscientos gramos y tomar menos de doscientos gramos respecto a no tomar nada.

También pueden calcularse riesgos relativos por diferencias entre variables distintas: riesgo relativo entre fumadores no bebedores y no fumadores bebedores...

Cuando los modelos correspondientes a dos situaciones difieren en una diferencia unitaria en una sola variable, el riesgo relativo es e^{β} independientemente de que la diferencia sea porque en un modelo la variable valga 0 y en el otro 1; o en un modelo valga uno y en el otro 2, lo mismo se puede decir si las variables son cuantitativas. En los ejemplos siguientes se muestra esta circunstancia, tanto en variables cualitativas como cuantitativas.

Ejemplo 4.3.- En un modelo de Cox hay tres variables independientes del tiempo: sexo, x_1, tratamiento, x_2, y colesterol basal, x_3. Expresar el riesgo relativo instantáneo, *hazard ratio*, correspondiente a la diferencia en un mg por 100 ml de colesterol basal y a 30 mg de diferencia. Calcular los riesgos relativos si $\beta=0{,}027$.

El modelo general es:

$$h(t;\ x_1,\ x_2,\ x_3) = h_0(t)\ e^{\beta_1 x_1 + \beta_2 x_2 + \beta_3 x_3}$$

El riesgo relativo instantáneo, hazard ratio, para una diferencia de un mg de colesterol es:

$$\frac{h_0(t)\ e^{\beta_1 x_1 + \beta_2 x_2 + \beta_3 (x_3+1)}}{h_0(t)\ e^{\beta_1 x_1 + \beta_2 x_2 + \beta_3 x_3}} = \frac{e^{\beta_1 x_1} \cdot e^{\beta_2 x_2} \cdot e^{\beta_3 (x_3+1)}}{e^{\beta_1 x_1} \cdot e^{\beta_2 x_2} \cdot e^{\beta_3 x_3}} = e^{\beta_3}$$

Observe que se considera que todas las variables tienen los mismos valores y solo se diferencian en 1 mg en los valores del colesterol. Como β_3 vale 0,027, el riesgo relativo correspondiente a una diferencia de 1 mg es: $e^{0,027}$ = 1,027. El incremento del riesgo es pequeño porque se refiere a la diferencia en un solo mg.

El modelo para una diferencia en 30 mg es el siguiente:

$$\frac{h_0(t)\, e^{\beta_1 x_1 + \beta_2 x_2 + \beta_3(x_3+30)}}{h_0(t)\, e^{\beta_1 x_1 + \beta_2 x_2 + \beta_3 x_3}} = \frac{e^{\beta_1 x_1} \cdot e^{\beta_2 x_2} \cdot e^{\beta_3(x_3+30)}}{e^{\beta_1 x_1} \cdot e^{\beta_2 x_2} \cdot e^{\beta_3 x_3}} = e^{30\beta_3}$$

Observe que se considera que todas las variables tienen los mismos valores y solo se diferencian en 30 mg en los valores del colesterol. Como β_3 vale 0,027, el riesgo relativo correspondiente a una diferencia de 30 mg es: $e^{30 \cdot 0,027}$ = 2,25. Para todo instante, el riesgo relativo instantáneo, HR, de una persona que tiene 30 mg más que otra, según este modelo, es 2,25 veces mayor.

Es importante tener en cuenta que el riesgo relativo es el mismo independientemente de los valores absolutos, es decir, es igual si una persona tiene 300 mg y otra 270, que si tienen 250 y 220, respectivamente. Si esto no se corresponde con los casos reales habría que utilizar otro modelo.

Ejemplo 4.4.- En un modelo de Cox hay tres variables independientes del tiempo: sexo, x_1, dicotómica codificada con 0 para mujeres y 1 para hombres; fumar, x_2, dicotómica codificada con 0 para no fumadores y 1 para fumadores y edad, x_3, cuantitativa. Los coeficientes de las variables tienen los valores siguientes:

β_1 = 0,25, β_2 = 0,32 y β_3 = 0,02.

Calcular el riesgo relativo instantáneo, hazard ratio, entre hombres fumadores diez años mayores que mujeres no fumadoras. El riesgo relativo es el cociente entre las dos situaciones:

$$\frac{h(t;\, x_1=1;\, x_2=1;\, x_3=E+10)}{h(t;\, x_1=0;\, x_2=0;\, x_3=E)} = \frac{h_0(t)\, e^{\beta_1 + \beta_2 + (E+10)\beta_3}}{h_0(t)\, e^{E\beta_3}}$$
$$= e^{\beta_1} \cdot e^{\beta_2} \cdot e^{10\beta_3}$$

En la expresión anterior E es la edad y E+10, una edad 10 años mayor.

$$e^{\beta_1} \cdot e^{\beta_2} \cdot e^{10\beta_3} = e^{0,25} \cdot e^{0,32} \cdot e^{10 \cdot 0,02}$$

$$e^{0,25} \cdot e^{0,32} \cdot e^{10 \cdot 0,02} = 1,28 \cdot 1,38 \cdot 1,22 = 2,16$$

Observe que el modelo asume que la diferencia en diez años implica el mismo riesgo relativo, sea entre 30 y 40 o entre 60 y 70 años.

4.4 Contraste de hipótesis.-
En los ejemplos anteriores, por motivos didácticos, se han calculado las probabilidades antes de comprobar si los coeficientes son estadísticamente significativos. Una vez ajustado el modelo, en primer lugar hay que considerar si los coeficientes tienen interés desde el punto de vista técnico, es decir, si son clínicamente significativos. Si se considera que sí lo son, hay que calcular la probabilidad de que sean estadísticamente diferentes de cero, o sea, la significación estadística.

El modelo de regresión de Cox permite calcular la probabilidad de que ocurra un determinado suceso en función de varias variables. Igual que en el caso de la regresión lineal múltiple, el proceso para determinar que variables son incluidas en el modelo de regresión de Cox múltiple, comienza contrastando la hipótesis de que ninguno de los coeficientes de las variables independientes es distinto de cero, frente a la hipótesis de que al menos uno de los coeficientes es distinto de cero. Las hipótesis en un modelo de regresión de Cox múltiple son las siguientes:

H_0 $B_1 = B_2 = \ldots\ldots B_K = 0$ α

H_1 $B_i \neq 0$ para algún i

Observe que las hipótesis se hacen sobre los parámetros poblacionales, denotadas mediante B, con el correspondiente subíndice.

Al contraste de hipótesis anterior también se le denomina, contraste de hipótesis general del modelo. Si no se rechaza la hipótesis nula, no hay modelo de regresión de Cox, porque si una sola variable independiente tuviera influencia estadísticamente significativa se rechazaría la hipótesis nula.

Si se rechaza la hipótesis nula, quiere decir que al menos el coeficiente de una de las variables es distinto de cero. A continuación hay que contrastar uno a uno los coeficientes correspondientes a todas las variables y eliminar las que no sean estadísticamente significativas; después, volver a ajustar el modelo con las variables cuyos coeficientes sean significativos. Al ajustar de nuevo el modelo puede haber variaciones en los coeficientes debido a fenómenos de confusión o de modificación del efecto. Las hipótesis anteriores pueden contrastarse mediante varias pruebas diferentes, una de las más utilizadas es mediante el estadístico Δ_{-2LLo}, es la que utilizan algunos paquetes estadísticos, entre ellos SPSS.

El estadístico -2LLo, es muy importante en regresión de Cox. L indica logaritmo neperiano y L_0 verosimilitud; el valor de la verosimilitud puede oscilar entre 0 y 1; por lo tanto LL_0 es el logaritmo neperiano de la verosimilitud, observe que al ser Lo menor o igual que uno, el logaritmo neperiano siempre es negativo y al multiplicar por -2, el resultado siempre es positivo, es decir, -2LLo siempre es un número positivo. El estadístico que se contrasta es el incremento que sufre este estadístico al evaluarlo al iniciar el ajuste del modelo sin incluir las variables, $-2LLo_{Inicial}$ y al finalizar el ajuste con las variables independientes incluidas en el modelo, $-2LLo_{Final}$; a la diferencia se le denomina incremento del logaritmo de la verosimilitud y se denota mediante Δ_{-2LLo}, este estadístico se distribuye según una distribución χ^2 con k grados de libertad, siendo K el número de variables independientes del tiempo que hay en el modelo.

$$\Delta_{-2LLo} = (-2LLo_{Inicial}) - (-2LLo_{Final}) \qquad (4.9)$$

Los datos de -2LLo inicial y final los proporciona el programa estadístico.

A Δ_{-2LLo}, también se le puede denominar -2 logaritmo de la razón de verosimilitud. Teniendo en cuenta las propiedades de la función logaritmo:

$$-2L(\frac{Lo_{inicial}}{Lo_{Final}}) = (-2LLo_{Inicial}) - (-2LLo_{Final}) \qquad (4.10)$$

Observe que tan correcto es denominar al estadístico, Δ_{-2LLo}, incremento de -2LLo, que -2Logaritmo de la razón de verosimilitud.

Ejemplo 4.5.- Se ajusta un modelo de regresión múltiple de Cox con 5 variables independientes, construido a partir de 75 casos, n=75. El valor de -2LLo$_{Inicial}$ es 88; al incluir las 5 variables independientes, el valor de -2LLo$_{Final}$ es 58. Contrastar la hipótesis general del modelo, con α=0,05.

H_0 $B_1 = B_2 = B_3 = B_4 = B_5 = 0$ α=0,05

H_1 $B_i \neq 0$ para algún i

El valor del estadístico de contraste es:

$$\Delta_{-2LLo} = 88 - 58; \quad \Delta_{-2LLo} = 30$$

Δ_{-2LLo} en éste caso se distribuye como una χ^2 con 5 grados de libertad, que es el número de variables independientes que hay en el modelo, consultando las tablas estadísticas se comprueba que el punto crítico con α = 0,05 es 11,07. Como el valor del estadístico de contraste es bastante mayor se rechaza la hipótesis nula y se concluye que al menos uno de los coeficientes es significativamente distinto de cero; la significación estadística correspondiente a 30 es P =0,00001.

Si se rechaza la hipótesis nula, como en el ejemplo anterior, a continuación se evalúa, uno a uno, la significación estadística de los K coeficientes de regresión de Cox, mediante la prueba Wald o la de la t de Student. Si se elimina alguna variable del modelo porque su coeficiente no es estadísticamente significativo, se vuelve a ajustar un modelo con las variables cuyos coeficientes son estadísticamente significativos.

4.4.1 Prueba de Wald.-
Esta prueba es la más aplicada para estudiar la significación estadística de los coeficientes de regresión de Cox de manera individual, es la que emplean algunos paquetes estadísticos como SPSS. En este caso el valor de Wald es el cociente que resulta de dividir el cuadrado de los coeficientes, β_i, por el cuadrado del error estándar de β_i; se puede calcular mediante la siguiente expresión:

$$WALD = \frac{(\beta_i)^2}{(EE\ \beta_i)^2} \quad (4.11)$$

Las hipótesis que contrastar en este caso son las siguientes:

H_0 $B_i = 0$ α

H_1 $B_i \# 0$

Las hipótesis anteriores se contrastan, en este caso, evaluando el estadístico WALD. Este estadístico se distribuye según una χ^2 con un grado de libertad, porque hay una sola variable.

Observe que en primer lugar se contrasta el modelo completo mediante Δ_{-2LLo}, si hay significatividad estadística, se evalúan uno a uno los coeficientes de las variables.

Ejemplo 4.6.- Uno de los objetivos de una investigación es analizar la influencia del tabaco, x_1, codificada con 0 para no fumadores y 1 para fumadores, en el riesgo de complicaciones en una determinada enfermedad. El modelo de regresión de Cox se ajusta mediante un programa informático obteniéndose los siguientes resultados:

$\beta_1 = 3,32:$ $EE\beta_1 = 1,42$

a) Definir el modelo.

b) Comprobar que el coeficiente de regresión de Cox es significativamente distinto de cero. Realizar el contraste con α= 0,05.

a) $h(t; x_1) = h_0(t)\ e^{3,32x_1}$

b) $Wald = \dfrac{3,32^2}{1,42^2};$ Wald = 5,47

El punto crítico para una distribución χ^2 con un grado de libertad y α= 0,05, es 3,84. Puesto que el valor obtenido es mayor que 3,84 se rechaza la hipótesis nula y se concluye que el coeficiente de regresión de Cox es estadísticamente significativo al nivel α=0,05, se concluye que hay diferencias entre fumadores y no fumadores en el riesgo relativo instantáneo, HR, que es poco probable que sean debidas al azar.

4.4 Intervalos de confianza de los coeficientes.-

En cualquier estudio realizado a partir de una muestra aleatoria, es necesario dar el valor de los estimadores con sus correspondientes intervalos de confianza.

Un intervalo con una confianza 1-α, para los coeficientes de regresión de Cox se puede calcular mediante la siguiente expresión:

$$B_i \in (\beta_i - t_{n-2, \alpha/2} \, EE\beta_i \, ; \, \beta_i + t_{n-2, \alpha/2} \, EE\beta_i \,)$$

En el caso de que el número de casos sea mayor que 120, la t de Student se puede aproximar a la normal, que para una confianza del 95% que es la más utilizada su valor es 1,96.

Los límites para un intervalo de confianza del 95% que es el más utilizado se calculan mediante las siguientes expresiones:

$$L_i = \beta_i - 1,96 \, EE\beta_i$$

$$L_s = \beta_i + 1,96 \, EE\beta_i$$

$$B_i \in (\beta_i - 1,96 \, EE\beta_i \, ; \, \beta_i + 1,96 \, EE\beta_i \,)$$

Ejemplo 4.7.- Calcular intervalos de confianza del 95% para el coeficiente de regresión de Cox, del ejemplo anterior, sabiendo que el estudio tiene 250 pacientes. Los valores de los coeficientes y sus errores estándar son los siguientes:

$$\beta_1 = 3,32: \qquad EE\beta_1 = 1,42$$

Aproximando la t de Student a la normal los límites y el intervalo son los siguientes:

$$L_i = 3,32 - 1,96 \cdot (1,42)$$

$$L_i = 0,53$$

$L_s = 3,32 + 1,96 \cdot (1,42)$

$L_s = 6,10$

$B_1 \in (0,53 \; ; \; 6,1)$ 95% de probabilidad.

4.6 Interacción.- En los modelos de análisis estadístico en los que intervienen más de dos variables, es decir, modelos multivariantes, puede haber interacción. A la interacción se le denomina también modificación del efecto, porque la repercusión que tiene una variable independiente sobre la probabilidad de que ocurra el suceso de interés, o sea, sobre la variable dependiente, es modificado por otra de las variables independientes. La interacción es una relación no lineal entre las variables, excepto en el caso de que una de las variables sea dicotómica, en cuyo caso la relación sigue siendo lineal. Un modelo con dos variables independientes, x_1 y x_2, cuyos coeficientes de regresión de Cox son β_1 y β_2, con interacción es el siguiente:

$$h(t; x_1, x_2) = h_0(t) \, e^{\beta_1 x_1 + \beta_2 x_2 + \beta_3 x_1 x_2} \qquad (4.12)$$

En el modelo anterior, además de los dos términos aditivos correspondientes a las dos variables independientes, hay un término adicional multiplicativo. Para que se considere que es un modelo logístico con interacción, los tres coeficientes deben ser, simultáneamente, significativos. Es muy frecuente que deje de ser significativo el coeficiente de una, incluso de las dos variables y lo sea el del producto, este sería un modelo diferente, pero no se puede considerar que sea un modelo de Cox lineal con interacción.

Según aumenta el número de variables independientes, las complicaciones son mayores. En un modelo lineal con tres variables independientes, x_1, x_2, x_3, puede haber interacciones dobles y triples. Un modelo con interacciones es el siguiente:

$$h(t; x_1, x_2) = h_0(t)$$
$$e^{\beta_1 x_1 + \beta_2 x_2 + \beta_3 x_3 + \beta_4 x_1 x_2 + \beta_5 x_1 x_3 + \beta_6 x_2 x_3 + \beta_7 x_1 x_2 x_3}$$

Observe que en el caso anterior hay tres interacciones dobles y una triple.

Análisis de la Supervivencia: Regresión de Cox

Cuando en un modelo lineal se ajusta un modelo con más de una variable independiente, hay que estudiar las posibles interacciones. Para que haya un modelo de regresión de Cox lineal con interacción, al construir el modelo todos los coeficientes correspondientes a las variables unitarias tienen que seguir siendo estadísticamente significativos. Además, al menos uno de los coeficientes de regresión correspondientes al producto de dos o más variables independientes también tiene que ser estadísticamente significativo.

Lo más frecuente es que al introducir las nuevas variables, alguno de los coeficientes de las variables independientes deje de ser significativo, en este caso ya no es un modelo lineal con interacción, sería un modelo no lineal.

En el caso del modelo lineal con dos variables independientes cuyos coeficientes son estadísticamente significativos, al incluir una tercera variable que es el producto de las dos variables puede ocurrir alguna de las siguientes situaciones:

a) Los tres coeficientes son estadísticamente significativos de manera simultánea. Este es el modelo con interacción.

b) Uno o los dos coeficientes de regresión correspondientes a las variables independientes primarias, x_1, x_2, deja de ser estadísticamente significativo y el coeficiente correspondiente a la variable constituida por el producto de las dos anteriores, si es estadísticamente significativo. En ese caso se puede ajustar un modelo no lineal que ya no sería de Cox; pero si se quiere ajustar un modelo lineal, se desecha la interacción, se deja el modelo con las dos variables x_1, x_2 y se considera que no hay interacción. Esto es lo que suele ocurrir con mayor frecuencia.

c) En ocasiones puede observarse una situación paradójica, la prueba del incremento de -2LLo que permite contrastar la hipótesis general del nuevo modelo con interacción es muy significativa, sin embargo, ninguno de los coeficientes de regresión, ni los de las dos variables originales ni el de la variable producto es estadísticamente significativo, esto es debido a la colinealidad. Cuando en un modelo de regresión de Cox múltiple las variables están muy correlacionadas entre sí, se produce este fenómeno. En regresión de Cox no se dispone de instrumentos tan precisos como en el caso de la regresión lineal múltiple para estudiar la colinealidad, se puede sospechar estudiando la matriz de correlaciones entre las variables independientes, y, también si se produce el fenómeno paradójico descrito anteriormente.

La interacción es una situación que no es deseable ni indeseable, si la hay tiene un significado y si no la hay tiene otro, lo importante es conocer de la manera más aproximada posible la realidad.

La interacción puede ser positiva o negativa, si al interaccionar dos o más variables el efecto sobre la variable dependiente es un incremento positivo, la interacción es positiva; si ocurre lo contrario se dice que hay interacción negativa.

Ejemplo 4.8.- Se estudia si el riesgo de padecer bronquitis crónica está relacionado con fumar, x_1 y con el sexo, x_2. En los modelos de regresión de Cox simple construidos con una sola de las variables anteriores, el coeficiente de fumar es 1,9 y el del sexo es 1,4. Al construir un modelo múltiple en el que las variables independientes son fumar y sexo los coeficientes de regresión correspondientes a las variables son 1,2 y 0,8 respectivamente, la variación significativa de los coeficientes puede ser debida a una modificación del efecto (interacción) con o sin confusión.

No se evidenció asociación entre fumar y sexo, por lo tanto no puede haber confusión.

Se ajustó el siguiente modelo de regresión de Cox con interacción:

$$h(t; x_1, x_2) = h_0(t)\, e^{0,8\, x_1 + 0,5 x_2 + 0,3\, x_1 x_2}$$

Los tres coeficientes son estadísticamente significativos, observe que al ajustar el modelo con interacción, los coeficientes correspondientes a las dos variables independientes se han modificado.

En un modelo con interacción, además de la contribución independiente de las dos variables a la probabilidad de padecer la enfermedad, existe un efecto dependiente de los valores de las dos variables simultáneamente.

La interpretación en este caso es que fumar aumenta la probabilidad de padecer bronquitis crónica, pero el efecto es distinto en hombres y mujeres. Las variables se codificaron con 0 para no fumadores y 1 para fumadores, y con 0 para mujeres y 1 para hombres.

Dando valores a la variable sexo, se pueden obtener los modelos para hombres y para mujeres.

4.7 Confusión.-
Cuando al construir un modelo de regresión de Cox múltiple el coeficiente correspondiente a una de las variables independientes, cambia significativamente o se anula respecto al valor obtenido en el modelo simple, o si en un modelo múltiple el coeficiente correspondiente a alguna de las variables independientes que ya están en el modelo cambia al introducir otra variable, puede deberse a confusión o a interacción. Consecuentemente hay que comprobar que se cumplen los criterios de confusión.

Por ejemplo, mediante un modelo de regresión de Cox se estudia la función de supervivencia, siendo el evento de interés morir tras ser diagnosticado de un tumor de vejiga urinaria; y su relación con los hábitos de fumar y de beber alcohol. El coeficiente de regresión de Cox simple correspondiente a beber es 1,9 y a fumar 2,1. Al construir un modelo múltiple en el que las variables independientes son fumar y beber, el coeficiente de regresión de Cox de la variable beber es cero y el de fumar 2,2, ante esta situación se sospecha que fumar puede ser un factor de confusión respecto a beber; para demostrarlo se debe comprobar que fumar y beber están asociados y que fumar y padecer cáncer de vejiga también lo están. Ésta última condición queda automáticamente demostrada, porque en el modelo de regresión simple el coeficiente correspondiente a fumar es significativamente distinto de cero, como el tabaco no es un eslabón en la cadena causal entre beber alcohol y padecer cáncer de vejiga, se concluye que fumar es un factor de confusión total respecto a beber alcohol.

La confusión es total porque el coeficiente correspondiente a beber alcohol ha pasado a ser cero, si en lugar de anularse se hubiera modificado, pero manteniendo aún un efecto la confusión sería parcial.

4.8 Regresión de Cox con SPSS.-
SPSS permite ajustar modelos de regresión de Cox, tiene magníficas posibilidades de analizar los datos mediante esta técnica estadística. Para ilustrarlas se realizarán varios ejercicios; seleccione el ejemplo correspondiente a los trasplantes renales, T_renal. En el menú analizar seleccione supervivencia y en el submenú Modelos de Cox....

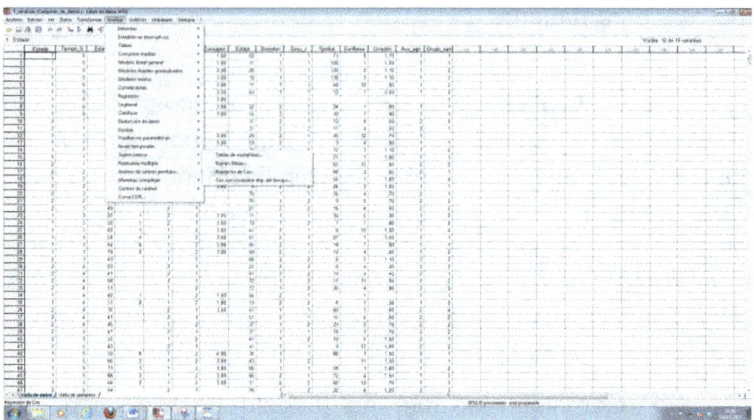

Se quiere ajustar un modelo de regresión de Cox, para analizar la influencia de las variables sexo y edad del receptor de un trasplante renal en el tiempo de supervivencia. Como variable temporal se selecciona Tiempo de supervivencia en meses, Tiempo_S; como variable de Estado, que es en la que define el suceso, Estado, el evento de interés es muerto que está codificado con un 1; en covariables se especifican las variables cuyo efecto se quiere estudiar: sexo y edad del receptor, Sexo_r, y Edadr.

Siguiendo las indicaciones anteriores las variables que intervienen en el modelo, quedan en la pantalla correspondiente a la regresión de Cox de la manera siguiente:

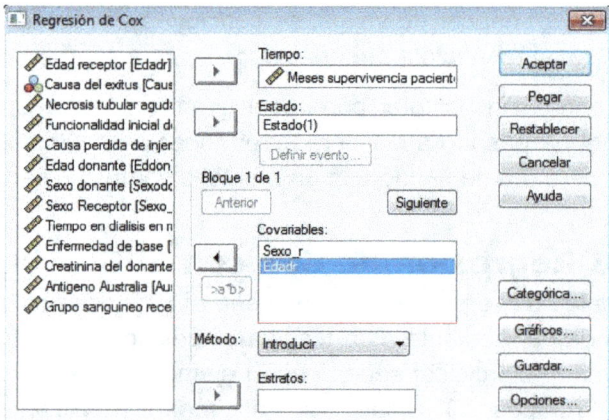

Análisis de la Supervivencia: Regresión de Cox

Debajo de Covariables está la opción método; hay varias posibilidades para construir modelos a partir de las covariables, se puede seleccionar adelante y atrás, con diversas modalidades. Se aconseja al lector que construya los modelos variable a variable, sabiendo lo que se hace y no dejando que la decisión de introducir o quitar variables se haga, únicamente, con el criterio de la significación estadística.

En la parte inferior a la derecha hay cuatro "teclas": Categórica, Gráficos, Guardar y Opciones.

Categórica permite declarar que variables son cualitativas, lo cual permite en la opción gráficos obtener un gráfico para cada valor de la variable. Además, se emplea en el estudio de variables Dummy, también denominadas ficticias. Este tipo de variables se estudiaran en el capítulo siguiente. En este caso Sexo_r es categórica pero al ser dicotómica no es necesario definirla como tal:

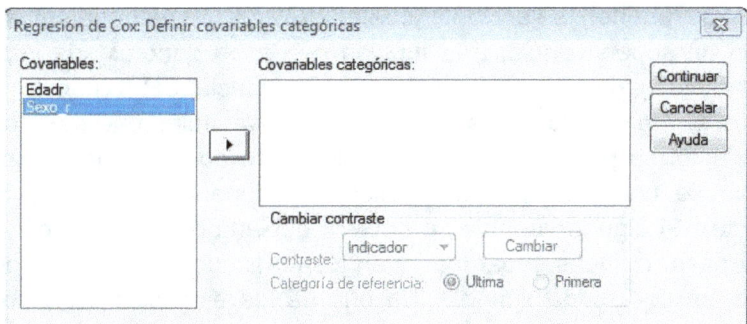

Es muy importante tener en cuenta que si se definen las variables como categóricas, SPSS cambia la codificación de las categorías. Al realizar los cálculos con el modelo de Cox hay que tener en cuenta esta circunstancia para no cometer importantes errores. El resultado de la regresión de Cox es el mismo tanto si se define la variable como categórica como si no, pero los modelos difieren debido al cambio de codificación, aunque los cálculos finales de supervivencia o riesgo son los mismos. La diferencia fundamental es que si se define una variable como categórica, se mostrarán gráficos para cada categoría de la variable si es que se solicitan estas representaciones.

En el ejercicio 4.3, se hace un ejemplo definiendo una variable como dicotómica.

Pulsando la "tecla" Gráficos se obtiene la pantalla siguiente:

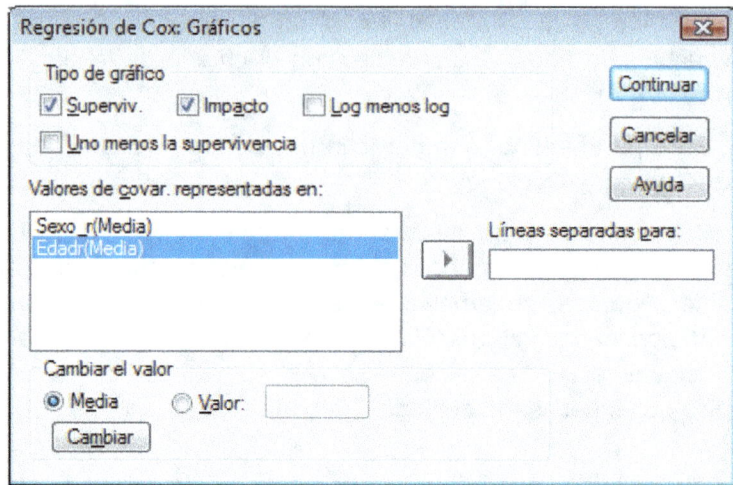

Se pueden seleccionar cuatro gráficos correspondientes a la función de supervivencia, a la función de riesgo denominada impacto, función del logaritmo y uno menos la supervivencia. SPSS construye los gráficos según el valor de la media de las covariables que es la opción por defecto, se puede señalar otro valor, pero no es habitual. En este ejemplo se han marcado los gráficos de supervivencia y de riesgo (impacto). Si alguna variable se hubiera declarado como categórica se podría pasar a líneas separadas y en los resultados se daría un gráfico de función para cada variable. En uno de los ejercicios se hace esta selección.

Pulsando la "tecla" guardar se obtiene la pantalla siguiente:

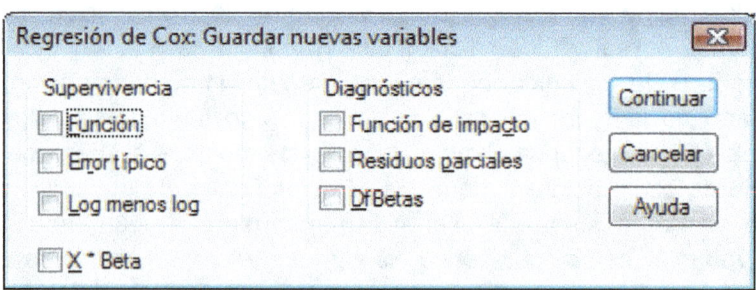

Análisis de la Supervivencia: Regresión de Cox

En esta pantalla se pueden seleccionar variables para ser incorporadas al fichero de datos obteniendo un valor para cada caso en función de sus valores. Las tres encabezadas por supervivencia proporcionan para cada caso del fichero de datos parámetros asociados a la función de supervivencia, lo más frecuente es seleccionar Función y Error típico. Función calcula el valor de la supervivencia para el tiempo de cada caso, error típico indica el error estándar o típico de la supervivencia para cada caso; lo cual permite calcular intervalos de confianza de la supervivencia; Log menos log indica el logaritmo neperiano de la transformada (–ln) de la supervivencia.

En diagnósticos se proporcionan para cada caso que haya en el fichero de datos residuos utilizados en el diagnóstico del modelo, en el próximo capítulo se comentan detenidamente.

X*Beta proporciona para cada caso el índice pronóstico calculado mediante la siguiente expresión:

$$\sum_{i=1}^{k} \beta_i \sum_{J=1}^{n} (x_{ji} - \overline{X}_\iota)$$

En la expresión anterior x_{ji} es el valor de la iésima variable en el jésimo caso; $\overline{X}_\iota$, es la media de la iésima variable.

Pulsando la "tecla" Opciones se obtiene la pantalla siguiente:

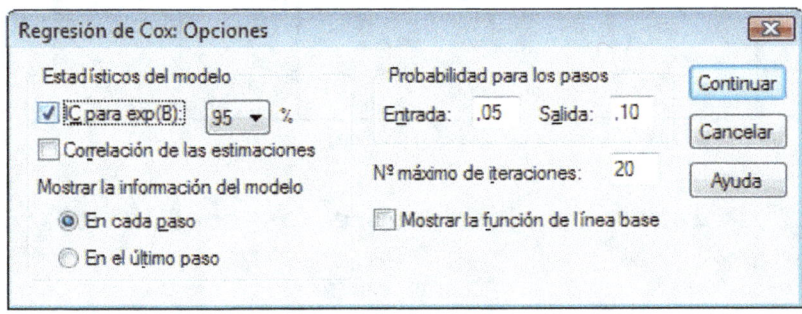

En la pantalla anterior se pueden seleccionar intervalos de confianza para e elevado a los coeficientes beta de cada variable, por defecto se selecciona el intervalo al 95%, pero el programa permite intervalos al 90, 95 y 99%. También se pueden elegir las probabilidades de entrada y de salida, esto es útil en la construcción automática de modelos. Por defecto una variable entra en el modelo cuando la significación es menor de 0,05, si al introducir otras variables la significación de las que ya están dentro se modifica y es mayor de 0,1, sale del nuevo modelo, estas probabilidades se pueden cambiar. También se puede modificar el número de iteraciones en la convergencia del modelo.

En éste ejemplo se ha seleccionado los intervalos de confianza.

Pulsando la tecla continuar y aceptar en la pantalla siguiente se obtienen los resultados.

En la tabla anterior se muestra un resumen de los datos: eventos, casos censurados, censados, y excluidos.

Resumen del proceso de casos

		N	Porcentaje
Casos disponibles en el análisis	Evento[a]	217	15,8%
	Censurado	1154	84,0%
	Total	1371	99,9%
Casos excluidos	Casos con valores perdidos	2	,1%
	Casos con tiempo negativo	0	,0%
	Casos censurados antes del evento más temprano en un estrato	0	,0%
	Total	2	,1%
Total		1373	100,0%

a. Variable dependiente: Meses supervivencia paciente

Pruebas omnibus sobre los coeficientes del modelo

-2 log de la verosimilitud
2796,847

En el recuadro anterior se muestra $-2LL_{0\_Inicial}$

Análisis de la Supervivencia: Regresión de Cox

Pruebas omnibus sobre los coeficientes del modelo[a,b]

-2 log de la verosimilitud	Global (puntuación)			Cambio desde el paso anterior			Cambio desde el bloque anterior		
	Chi-cuadrado	gl	Sig.	Chi-cuadrado	gl	Sig.	Chi-cuadrado	gl	Sig.
2701,707	87,463	2	,000	95,140	2	,000	95,140	2	,000

a. Bloque inicial número 0, función log de la verosimilitud inicial: -2 log de la verosimilitud: 2796,847
b. Bloque inicial número 1. Método = Introducir

En primer lugar está el valor $-2LL_{0\_final}$ =2701,707. A continuación se muestra el valor del estadístico que sirve para evaluar el modelo global que se distribuye según una Chi-cuadrado, gl son los grados de libertad iguales al número de variables independientes del tiempo, dos en este caso y la significación estadística, que es muy pequeña, recuerde que nunca es cero, aquí se muestra 0,000 porque es menor de las tres cifras decimales que muestra SPSS, se puede decir que P<0,001. Si se quiere conocer el valor exacto se puede hacer doble click con el ratón sobre la tabla para editarla, repitiendo la operación sobre el valor de la significación se obtiene el valor exacto que en este caso es muy pequeño. Una significación estadística tan pequeña indica que la probabilidad de que los efectos observados sean debidos al azar es muy pequeña, por lo tanto hay que concluir que son debidos a las covariables. A continuación, en puntuación global se muestran los valores correspondientes al cambio desde el bloque anterior, de nuevo hay un estadístico que se distribuye según Chi-cuadrado que es la diferencia entre la puntuación inicial y la final, es decir, Δ_{-2LLo}:

$$\Delta_{-2LLo} = (-2LLo_{Inicial}) - (-2LLo_{Final}) = 2796,847 - 2701,707 = 95,140$$

Este estadístico es el que más se utiliza para evaluar el modelo, en este caso la significación estadística es muy pequeña, es decir, la probabilidad de la influencia del azar es despreciable y se debe concluir que al menos una de las variables contribuye significativamente al modelo.

Variables en la ecuación

	B	ET	Wald	gl	Sig.	Exp(B)	95,0% IC para Exp(B)	
							Inferior	Superior
Sexo_r	-,407	,158	6,624	1	,010	,666	,488	,908
Edad_r	,056	,006	75,920	1	,000	1,057	1,044	1,071

En la tabla anterior se muestran los coeficientes beta, B, su error estándar, ET; los grados de libertad, gl, la significación estadística, Sig, el valor de e^{β_i}, Exp(B) y su intervalo de confianza del 95%. En este caso las dos variables contribuyen significativamente al modelo porque su significación estadística es menor que 0,05. Podría ocurrir que Δ_{-2LL_0} fuera estadísticamente significativo, lo que implica que alguna de las variables también lo es, pero que solo lo fuera una, en este caso contribuyen las dos. El modelo de Cox correspondiente a los resultados anteriores es el siguiente:

$$h(t; x_1, x_2) = h_0(t)\, e^{-0,47\, x_1 + 0,56\, x_2}$$

Medias de las covariables

	Media
Sexo_r	1,330
Edadr	51,879

En la tabla anterior se muestran las medias correspondientes a las variables, la media del sexo no tiene sentido estadístico, pero al estar codificada como numérica se ha calculado dicho parámetro. En los gráficos siguientes se muestra la representación gráfica de la supervivencia y del riesgo

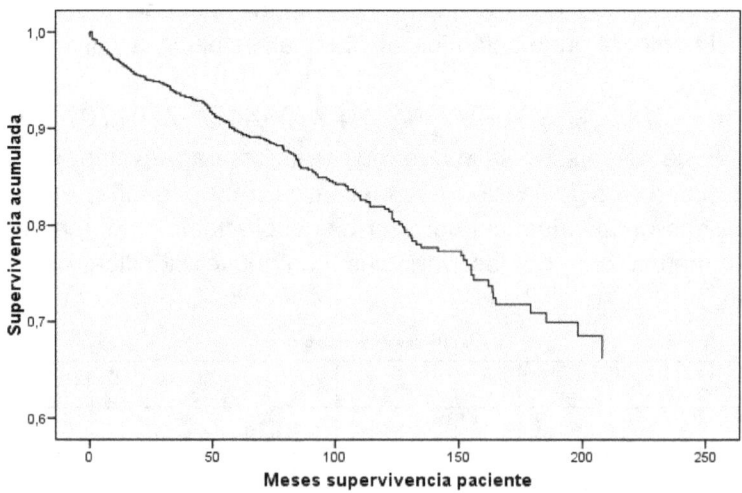

Análisis de la Supervivencia: Regresión de Cox

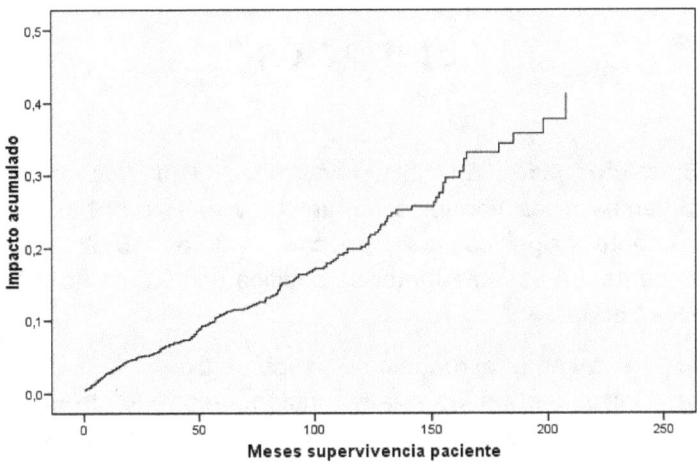

Función de impacto en media de covariables

En los gráficos anteriores se observa que la supervivencia disminuye con el tiempo y la función de impacto aumenta.

SPSS proporciona los valores de los coeficientes a partir de los cuales se ha calculado el modelo, pero los datos concretos hay que calcularlos en cada caso. Por ejemplo, si se quiere calcular el riesgo relativo instantáneo, de hombres de 60 años respecto a mujeres de la misma edad se calcula de la manera siguiente:

$$\frac{h(t;\ x_1=1, x_2=60)}{h(t;\ x_1=2, x_2=60)} = \frac{e^{-0,47 + 0,56\,x_2}}{e^{-0,47\,\cdot 2 + 0,56\,x_2}} = e^{0,47} = 1,6$$

El riesgo relativo instantáneo de morir, HR, es 1,6 veces mayor en un hombre que en una mujer. Éste riesgo relativo es constante e independiente del tiempo durante todo el estudio, es decir, según el modelo un hombre de 60 años tiene 1,6 veces más probabilidad de morir que una mujer de la misma edad en un intervalo determinado de tiempo al inicio del cual no ha ocurrido el evento, tanto al comienzo del estudio como a los 5 años de observación. Observe que al ser igual la edad no contribuye al cálculo, recuerde que hombre está codificado con 1 y mujer con 2.

Ejercicios

Ejercicio 4.1.- En un modelo de Cox los coeficientes correspondientes a las variables fumar, x_1, y colesterol basal, x_2, son estadísticamente significativos y con valores 0,52 y 0,015, respectivamente. La variable fumar se codifica con 0 para no fumadores y con 1 para fumadores.

    a) Representar el modelo de riesgo de Cox.
    b) Calcular el riesgo relativo instantáneo, HR, de un fumador respecto de un no fumador que tiene 50 mg por 100 ml menos de colesterol basal.

Ejercicio 4.2.- En la evaluación de un modelo multivariante de regresión de Cox que tiene tres variables independientes del tiempo, el valor inicial del estadístico $-2LL_0$ es de 53,47 y el valor final es 37,21. Comprobar si alguna variable contribuye significativamente al modelo con una significación de 0,05.

Ejercicio 4.3.- Utilizando el ejemplo T_renal, hacer un análisis de regresión de Cox estudiando el efecto de las variables Nta, necrosis tubular aguda y Eddon, edad del donante sobre las funciones de supervivencia.

    a) Estimar un modelo de Cox indicando como categórica la variable Nta, y si hay contribución significativa de las variables expresarlo matemáticamente.
    b) Si las dos variables entran en el modelo estudiar si hay interacción.
    c) Calcular el riesgo relativo instantáneo, HR, de morir en un paciente con necrosis tubular aguda respecto a uno que no la tiene.

Bibliografía

Cox, D.R. (1972). :Regression models and life-tables (with discussion). *Journal of the Royal Statistical Society, Series B, 34,* 187-220.

Cox, D.R. (1975). Partial likelihood. *Biometrika,* 62, 269-276.

Efron, B.(1977). The efficiency of Cox's likelihood function for censored data. Journal of the American Statistical Association 72, 557-565.

Tsiatis, A. (1981). A large sample study of Cox's regression model. Annals of Statistics 9, 93-108.

Carter, W.H., Wampler, G.L. y Stablein, D.M. (1983). Regression analysis of survival data in cáncer chemotherapy. N.Y.: Marcel Dekker.

Cox, D.R. y Oakes, D. (1984). Analysis of survival data. London: Chapman and Hall.

Wolfe RA, Strawderman RL: Logical and statistical fallacies in the use of Cox Regression Models. Am J Kidney Dis 27 (1): 124-129, 1996.

Therneau, T.M. y Grambsch, P.M. (2000). Modeling Survival Data: Extending the Cox Model. N.Y.: Springer-Verlag.

Collett, D. (2003). *Modelling Survival Data in Medical Research, 2da. Edición.* Boca Ratón: Chapman & Hall.

Nardi, A. y Schemper, M (2003). Comparing Cox and parametric models in clinical studies. *Statistics in Medicine,* 22:3597-3610.

SPSS Advanced Statistical Procedures Companion SPSS Inc. Chicago 2009 EE.UU.

Capítulo 5
Modelos de riesgos proporcionales: regresión de Cox
Variables dummy.
Covariables dependientes del tiempo.
Diagnóstico del modelo: residuos.

En éste capítulo se estudia como codificar variables cualitativas que tengan más de dos categorías, generación de variables ficticias, variables dummy, en los modelos de regresión de Cox. Después se analiza la inclusión de covariables dependientes del tiempo. También se examinan los métodos para comprobar que se cumplen las asunciones del modelo de Cox y la bondad del ajuste.

5.1 Variables Dummy, ficticias.- Todas las variables integrantes de un modelo de regresión de Cox tienen que ser cuantitativas continuas o discretas que sean aproximables a continuas; además, sus valores no pueden ser una simple codificación, sino que tienen que ser consecuencia de una métrica[3]. Se pueden integrar variables cualitativas u ordinales, pero teniendo en cuenta las reglas que se estudian en este apartado. En realidad, los modelos de regresión con variables cualitativas definen implícitamente tantos modelos como categorías tiene la variable. Si hay más de una variable cualitativa, hay tantos modelos de regresión de Cox como combinaciones distintas de las categorías de las variables cualitativas codificadas. Por ejemplo, si en un modelo hay dos variables independientes categóricas, fumar y beber alcohol, con dos categorías cada una de ellas, implícitamente hay definidos cuatro modelos, uno para cada posible combinación de las variables anteriores: fumadores y bebedores, fumadores y no bebedores, no fumadores y bebedores, no fumadores y no bebedores.

Incluir una variable cualitativa en un modelo de regresión requiere definir tantas variables ficticias, también denominadas dummy[4], como categorías tiene la variable cualitativa que se quiere introducir en un modelo de regresión menos una. Por ejemplo, si se quiere codificar una variable cualitativa: grado de afectación, con cuatro categorías, hay que generar 3 variables ficticias, dummy. A estas variables se les denomina ficticias porque sus valores no son observables directos, sino una codificación que además puede hacerse de múltiples maneras.

Las variables cualitativas sobre todo dicotómicas son integrantes frecuentes de los modelos de regresión. Una vez codificada numéricamente la variable cualitativa se trata como una variable cualquiera. El ajuste del modelo y el cálculo de los coeficientes de

---

[3] Es frecuente ver en artículos e incluso libros, modelos de regresión en los que algunas variables son ordinales o nominales con más de dos categorías, esto es incorrecto y los resultados derivados de ellos pueden coincidir, con la realidad por casualidad, pero debe tenerse en cuenta que estas variables no pueden integrarse en un modelo de regresión de manera directa.

[4] Dummy es un término anglosajón utilizado para definir las variables que codifican las categorías de las variables cualitativas. Es frecuente que se utilice sin traducir en artículos y libros en español.

regresión de Cox se hace de la misma manera que si fuera una variable cuantitativa continua. Una variable cualitativa dicotómica tiene dos categorías, por lo tanto, para integrarla en un modelo de regresión logística hay que definir una sola variable ficticia, o sea, ella misma. Es recomendable que los valores que codifican a cada categoría sean lo más sencillos posibles, se suele codificar con cero una categoría y el valor uno para la otra, aunque pueden darse otros valores.

En los ejemplos vistos en el capítulo anterior, se han incluido en los modelos variables dicotómicas, lo cual es relativamente sencillo. Cuando las variables cualitativas tienen más de dos categorías hay que generar k-1 variables, siendo k el número de categorías de la variable que se quiere incluir.

Se comienza a entender el término ficticias cuando hay que generar k-1 variables, que no son observables directos en el trabajo de campo. En el caso de una variable cualitativa, H, con tres categorías, C_1, C_2 y C_3, hay que definir la equivalencia de cada categoría en relación a las dos nuevas variables, F_1 y F_2:

		F_1	F_2
	C_1	0	0
H	C_2	0	1
	C_3	1	1

Las categorías se pueden codificar con distintos valores, los resultados que se van a obtener son independientes de la codificación realizada, aunque se aconseja dar valores sencillos como se ha hecho en el caso de las categorías de la variable H.

A continuación se analiza un modelo genérico con una variable independiente continúa, X_1 y una categórica, H, con tres categorías H, que se codifican según el esquema anterior. El modelo de regresión de Cox es el siguiente:

$$h(t; x_1, F_1, F_2) = h_0(t)\, e^{\beta_1 x_1 + \beta_2 F_1 + \beta_3 F_2}$$

En el modelo anterior hay implícitos tres, uno para cada categoría de la variable H, observe que en lugar de la variable H, se han introducido en el modelo las dos variables ficticias, Dummy, generadas a partir de ella.

En éste libro se defiende que solo deben entrar en el modelo de regresión aquellas variables ficticias y sus correspondientes términos de interacción cuyos coeficientes de regresión sean estadísticamente significativos según el valor de α especificado, habitualmente 0,05. Las variables ficticias, aunque no son observables directos, son variables aleatorias cuyos valores dependen de la variable H que también es aleatoria, suponiendo que el muestreo sea aleatorio. En algunos textos se indica que las variables dummy generadas para codificar una variable cualitativa, tienen que entrar todas en el modelo o ninguna. El ejemplo siguiente es muy interesante para comprobar que esto no es cierto. En un modelo de Cox entrar las variables ficticias necesarias para representar la realidad.

Ejemplo 5.1- El objetivo de un estudio es conocer si el nivel económico tiene alguna influencia en la probabilidad de supervivencia de pacientes afectados de un tumor faríngeo. En un estudio de regresión de Cox hay dos covariables: la edad y el nivel económico, NE, que tiene tres categorías, alto, medio y bajo, que se codifican en dos variables ficticias, F_1 y F_2 según la siguiente equivalencia:

$$F_1 \begin{cases} Alto = 0 \\ Medio = 0 \\ Bajo = 1 \end{cases}$$

$$F_2 \begin{cases} Alto = 0 \\ Medio = 1 \\ Bajo = 1 \end{cases}$$

El modelo de regresión de Cox obtenido representando solo los coeficientes estadísticamente significativos incluyendo el término de interacción es el siguiente:

$$h(t; edad, F_1) = h_0(t)\, e^{0,012\, edad + 1,2\, F_1 + 0,008\, edad\, F_1}$$

El coeficiente correspondiente a la variable ficticia F_2, no es estadísticamente significativo, por eso no se ha incluido en el modelo.

Este es un ejemplo en el que se generan dos variables dummy para codificar una variable y solo se incluye una en el modelo.

a) Calcular los modelos correspondientes a cada Nivel económico. Comentar que significa que el coeficiente de la variable F_2 no sea significativo.

b) Calcular el riesgo relativo instantáneo, *hazard ratio*, de una persona que tenga 60 años y nivel económico bajo, respecto a una persona de la misma edad que tenga un nivel económico medio o alto.

a) El valor 0 en F_1, corresponde a nivel económico alto:

$$h(t; edad, F_1) = h_0(t)\, e^{0,012\, edad}$$

El valor 0 en F_1, corresponde a nivel económico medio:

$$h(t; edad, F_1) = h_0(t)\, e^{0,012\, edad}$$

El valor 1 en F_1, corresponde a nivel económico bajo:

$$h(t; edad, F_1) = h_0(t)\, e^{0,012\, edad +\ 1,2+\ 0,008\, edad}$$

Observe que el modelo para los niveles económicos alto y medio son iguales, porque la variable F_1 tiene el mismo valor para los dos, esto quiere decir que no hay diferencias en cuanto al riesgo ni supervivencia entre estos niveles.

El coeficiente correspondiente a la variable F_2 no es significativamente distinto de cero, por lo tanto no entra en la ecuación. Observe que para que no existan diferencias entre las clases sociales altas y medias, y sí las haya entre estas y las clases económicas bajas, el coeficiente de la variable F_2, no puede ser estadísticamente significativo.

b) La razón de riesgos instantáneos (*hazard ratio*) es la siguiente:

$$\frac{h(t; edad = 60, F1 = 1)}{h(t; edad = 60, F1 = 0)} = \frac{h_0(t) e^{0,012\, edad +\ 1,2+\ 0,008\, edad}}{h_0(t) e^{0,012\, edad}}$$

$$e^{\,1,2+\ 0,008\, \cdot 60} = e^{1,68} = 5{,}366$$

El riesgo relativo instantáneo, *hazard ratio*, de morir de una persona con nivel económico bajo respecto a una con nivel económico medio o alto es 5,366 veces mayor. Además este riesgo relativo instantáneo, este *Hazard Ratio* es constante e independiente del tiempo.

5.1.1.- Variables Dummy con SPSS.-
Por motivos didácticos se van a comentar las posibilidades que ofrece SPSS para incluir variables categóricas mediante un ejemplo, a partir de los datos del archivo de datos Terapias. La variable Tiempo contiene los meses con remisión total de sintomatología depresiva; en la variable Estado se codifica con 0 las pérdidas y con 1 las recaídas, la variable Terapia tiene tres valores A, B y C. El evento de interés es la recaída.

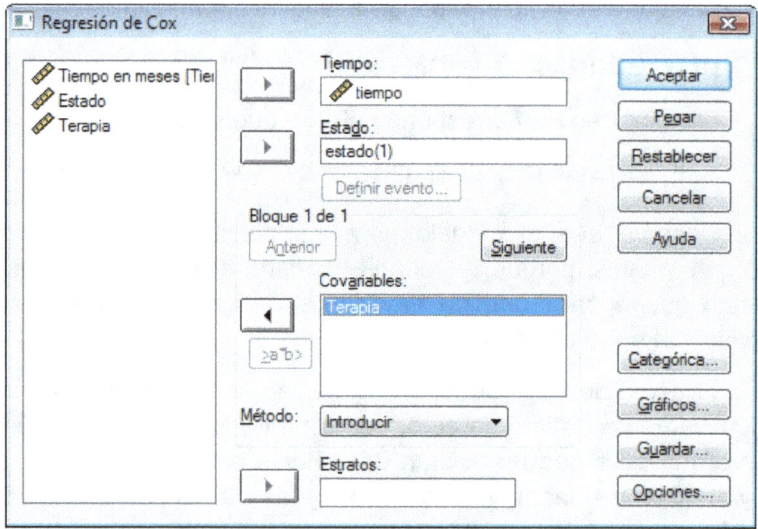

En la pantalla anterior se muestra la disposición de las variables. A continuación se pulsa la "tecla" categórica y se incluye como covariable categórica.

Análisis de la Supervivencia: Regresión de Cox

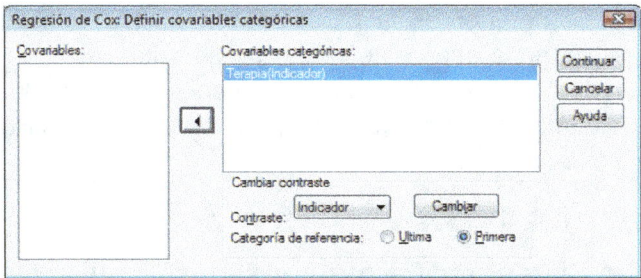

En gráficos se marcan los correspondientes a supervivencia y riesgo (impacto), en opciones no se marca ninguna. Los resultados son los siguientes:

Resumen del proceso de casos

		N	Porcentaje
Casos disponibles en el análisis	Evento[a]	830	79,9%
	Censurado	209	20,1%
	Total	1039	100,0%
Casos excluidos	Casos con valores perdidos	0	,0%
	Casos con tiempo negativo	0	,0%
	Casos censurados antes del evento más temprano en un estrato	0	,0%
	Total	0	,0%
Total		1039	100,0%

a. Variable dependiente: Tiempo en meses

En la tabla anterior se muestran los eventos, casos censurados, censados y ausentes.

Codificaciones de variables categóricas[b]

		Frecuencia	(1)	(2)
Terapia[a]	0=A	356	1	0
	1=B	408	0	1
	2=C	275	0	0

a. Codificación de parámetros de indicador
b. Variable de categoría: Terapia

La tabla anterior es la característica de la codificación de la variable Terapia, en la que se define el tipo de tratamiento. El programa ha generado dos variables Terapia(1) y Terapia(2), que en los modelos y en el texto vamos a denotar como T_1 y como T_2, respectivamente. El modelo de Cox es el siguiente:

$$h(t; T_1, T_2) = h_0(t)\, e^{\beta_1 T_1 + \beta_2 T_2}$$

La terapia A se codifica con el valor 1 en T_1 y 0 en T_2.

La terapia B se codifica con el valor 0 en T_1 y 1 en T_2.

La terapia C se codifica con el valor 0 en T_1 y 0 en T_2.

Observe que cada tipo de terapia queda codificada en las dos variables ficticias. Para el cálculo de probabilidades y del modelo ajustado, hay que dar valores a las variables según la codificación realizada por SPSS y no la que hay en el fichero de datos.

Pruebas omnibus sobre los coeficientes del modelo

-2 log de la verosimilitud
10519,985

$$-LL_{0\_Inicial} = 10519{,}985$$

Pruebas omnibus sobre los coeficientes del modelo[a,b]

-2 log de la verosimilitud	Global (puntuación)			Cambio desde el paso anterior			Cambio desde el bloque anterior		
	Chi-cuadrado	gl	Sig.	Chi-cuadrado	gl	Sig.	Chi-cuadrado	gl	Sig.
10502,881	16,905	2	,000	17,105	2	,000	17,105	2	,000

a. Bloque inicial número 0, función log de la verosimilitud inicial: -2 log de la verosimilitud: 10519,985
b. Bloque inicial número 1. Método = Introducir

$$-LL_{0\_Final} = 10502{,}881;$$

$$\Delta_{-2LLo} = 17{,}105$$

Análisis de la Supervivencia: Regresión de Cox

Cuando SPSS da un valor 0,000 se puede poner P<0,001, o poner el valor exacto siguiendo los pasos indicados en capítulos anteriores.

Por lo tanto el modelo es estadísticamente significativo, hay diferencias entre las terapias y al menos una de las variables ficticias es significativamente distinta de cero.

Variables en la ecuación

	B	ET	Wald	gl	Sig.	Exp(B)
Terapia			16,778	2	,000	
Nombre de variable Terapia(1)	-,209	,092	5,103	1	,024	,812
Nombre de variable Terapia(2)	,129	,086	2,224	1	,136	1,137

En la tabla anterior se muestran los coeficientes de las variables, observe que solo T_1 es significativa, con Sig, o sea, P<0,05.

El modelo de Cox ajustado según los resultados anteriores es el siguiente:

$$h(t; T_1) = h_0(t)\, e^{-0,209\, T_1}$$

A partir del modelo anterior se deducen los correspondientes a cada terapia:

Para la terapia A, T_1 vale 1, por lo tanto:

$$h(t; T_1) = h_0(t)\, e^{-0,209}$$

Para la terapia B, T_1 vale 0, por lo tanto:

$$h(t; T_1) = h_0(t)\, e^0 = h_0(t)$$

Recuerde que cualquier número elevado a cero es igual a uno.

Para la terapia C, T_1 vale 0, por lo tanto:

$$h(t; x_1, x_2, x_3) = h_0(t)\, e^0 = h_0(t)$$

No hay diferencias en riesgo de recaída entre las terapias B y C.

La razón de riesgos en cada instante, hazard ratio, de recaída de la terapia B ó C respecto a la A es igual:

$$\frac{h(t; T_1 = 0)}{h(t; T_1 = 1)} = \frac{h_0(t)}{h_0(t)\, e^{-0,209}} = \frac{1}{e^{-0,209}} = 1,23$$

La razón de riesgo relativo instantáneo, *hazard ratio*, de recaída es 1,23 veces mayor en los tratados con las terapias B ó C que con la A, que es la mejor.

Medias de las covariables

	Media
Terapia(1)	,343
Terapia(2)	,393

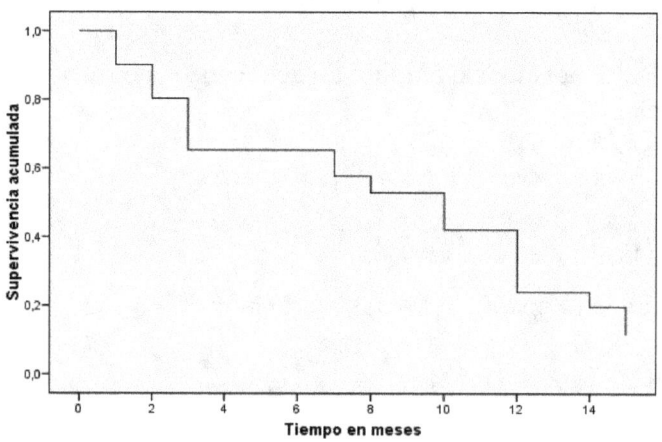

Función de supervivencia en media de covariables

Análisis de la Supervivencia: Regresión de Cox

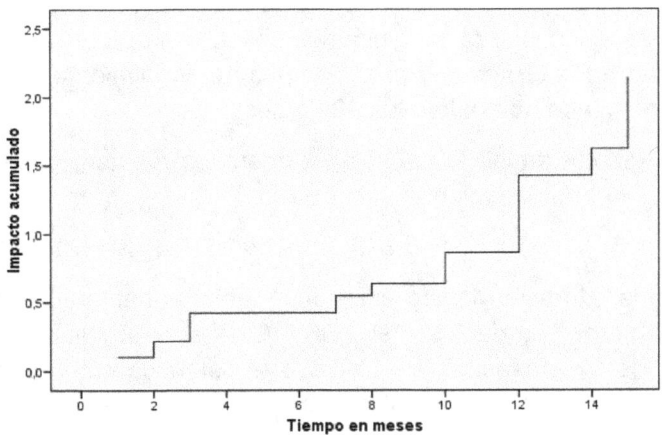

Función de impacto en media de covariables

En los gráficos anteriores se observa que los pacientes que no han recaído son cada vez menos, es decir, la supervivencia disminuye en función del tiempo. El riesgo de recaída aumenta con el tiempo.

5.2 Covariables dependientes del tiempo.-
En los modelos de Cox, a veces es necesario incorporar covariables dependientes del tiempo. Por ejemplo, en el estudio de la supervivencia de los pacientes trasplantados de riñón, en algunos modelos de Cox puede interesar que una de las covariables sea la creatinina; pero, durante el seguimiento los valores pueden cambiar sustancialmente. Si se hacen determinaciones periódicas, puede introducirse una variable que tenga en cuenta este cambio en relación al tiempo.

En la inclusión de covariables dependientes del tiempo en los modelos de Cox, se pueden distinguir dos casos:

a) La variable dependiente del tiempo que se quiere incluir en el modelo está definida en el fichero de datos como una sola variable por caso. Lo más sencillo es crear una covariable que sea el producto de la variable temporal por la variable que se quiere analizar como dependiente del tiempo. En los ejercicios que se realizan con SPSS se estudia un ejemplo de éste tipo.

b) La covariable puede medirse más de una vez en periodos distintos. Por ejemplo, la glucemia basal se puede determinar, al comienzo del estudio, a los 6 y a los 12 meses. En éste caso se puede definir una covariable tiempo dependiente segmentada, que tenga en cuenta los valores de la glucemia en cada periodo, es decir que entre 0 y 6 meses se considere la glucemia basal, entre 6 y 12 meses la determinada a los 6 meses y para tiempos de seguimiento mayores de un año el resultado obtenido a los 12 meses.

Se puede definir la variable segmentada mediante operaciones lógicas de la manera siguiente:

(T_ < 6) * GB + (T_ >=6 & T_ < 12) * G6 + (T_>= 12) * G12

En la expresión lógica anterior T_ es la variable tiempo que se emplea en el modelo de Cox. GB, G6 y G12, son la glucemia basal, a los 6 y a los 12 meses; se ha utilizado el asterisco como símbolo de multiplicar porque es el que utiliza SPSS. Observe que en la definición anterior las funciones lógicas toman el valor 1 cuando son ciertas y 0 cuando no lo son; además, sólo puede ser una cierta. Por lo tanto, únicamente se considerará en los cálculos la glucemia que corresponda al periodo de tiempo indicado. Por ejemplo, si el tiempo es once meses la única función lógica cierta es:

(T_ >=6 & T_ < 12) * G6 que toma el valor 1, las otras dos son cero.

En los estudios de seguimiento se suelen realizar determinaciones analíticas y de otros parámetros en diversas ocasiones. Si se considera que alguna variable puede tener una influencia importante en el modelo, se pueden codificar variables temporales de la manera descrita anteriormente, para que se tengan en cuenta los valores actualizados. En el ejercicio 5.3, se analiza un ejemplo de este tipo.

5.2.1 Covariables dependientes del tiempo con SPSS.- En el ejemplo de los trasplantes renales se quiere estudiar un modelo de Cox en el que se consideren las variables Sexo y Edad del receptor, pero actualizada, es decir, teniendo en cuenta la variación con el tiempo.

En el menú analizar se selecciona supervivencia y en éste Cox con covariable dep. del tiempo.

Análisis de la Supervivencia: Regresión de Cox

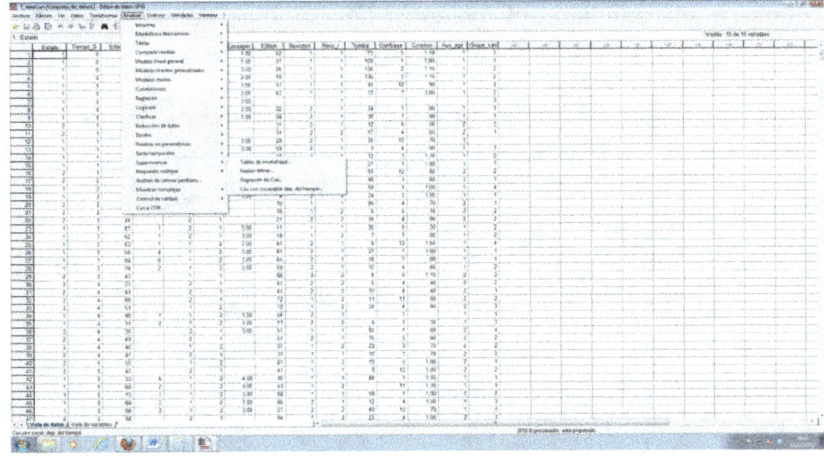

Se obtiene la pantalla siguiente:

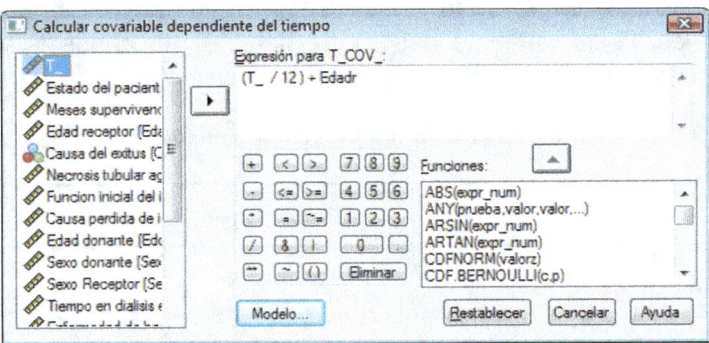

Aunque parece una nueva variable, en realidad no lo es, T_ es la variable Tiempo que se definirá en el modelo, los meses de supervivencia en este caso. La covariable dependiente del tiempo, T_COV_ hay que definirla, en este caso es la edad al comienzo del estudio a la que se suma el tiempo de observación en años. Observe que al dividir por doce la variable temporal se obtienen los años en seguimiento, que se suman a la edad que tenía el paciente cuando comenzó el estudio, es decir, se obtiene una edad actualizada para cada caso.

Mediante el sistema de pantallas, con SPSS solo se puede definir una covariable tiempo dependiente. No obstante mediante sintaxis es posible definir varias variables de este tipo.

Una vez definida la Covariable dependiente del tiempo se pulsa la " tecla" Modelo y se obtiene la pantalla siguiente:

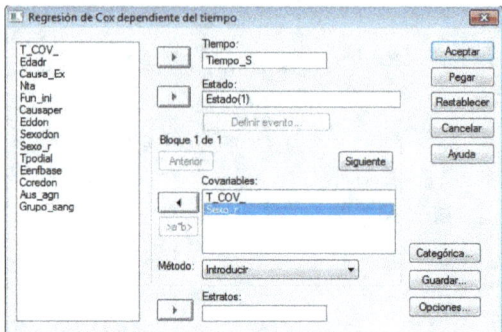

Observe que en las variables aparece T_COV_ que es la covariable definida anteriormente. Se define un modelo de Cox igual que los realizados en otras ocasiones, en el que esté, entre las covariables, la dependiente del tiempo, también se añade la variable sexo. Los resultados obtenidos son los siguientes:

Resumen del proceso de casos

		N	Porcentaje
Casos disponibles en el análisis	Evento(a)	217	15,8%
	Censurado	1154	84,0%
	Total	1371	99,9%
Casos excluidos	Casos con valores perdidos	2	,1%
	Casos con tiempo negativo	0	,0%
	Casos censurados antes del evento más temprano en un estrato	0	,0%
	Total	2	,1%
Total		1373	100,0%

Análisis de la Supervivencia: Regresión de Cox

a Variable dependiente: Meses supervivencia paciente

Pruebas omnibus sobre los coeficientes del modelo

-2 log de la verosimilitud
2796,847

Pruebas omnibus sobre los coeficientes del modelo[a,b]

-2 log de la verosimilitud	Global (puntuación)			Cambio desde el paso anterior			Cambio desde el bloque anterior		
	Chi-cuadrado	gl	Sig.	Chi-cuadrado	gl	Sig.	Chi-cuadrado	gl	Sig.
2701,707	87,463	2	,000	95,140	2	,000	95,140	2	,000

a. Bloque inicial número 0, función log de la verosimilitud inicial: -2 log de la verosimilitud: 2796,847
b. Bloque inicial número 1. Método = Introducir

Variables en la ecuación

	B	ET	Wald	Gl	Sig.	Exp(B)
T_COV_	,056	,006	75,920	1	,000	1,057
Sexo_r	-,407	,158	6,624	1	,010	,666

Medias de las covariables

	Media
T_COV_	55,690
Sexo_r	1,320

Los coeficientes de regresión de Cox correspondientes a la covariable y la variable Sexo son significativas. El modelo de Cox es el siguiente:

$$h(t; T_1) = h_0(t)\, e^{-0{,}407\, Sexo\_r\ +\ 0{,}056\, T\_COV\_}$$

5.3.- Diagnóstico del modelo.-
Los modelos matemáticos como el de Cox no siempre representan la realidad de los datos, para que su aplicación sea correcta no es suficiente que converja y que los coeficientes sean clínica y estadísticamente significativos. Además hay que comprobar que se cumplen las asunciones del modelo. Una vez verificadas las condiciones de aplicabilidad, se comprueba que el ajuste es adecuado.

Hay que distinguir entre que se cumplan las condiciones del modelo y que el ajuste tenga la precisión requerida. Un modelo puede cumplir las condiciones de aplicabilidad, pero el ajuste no ser adecuado para hacer predicciones. Hay que estudiar las dos cuestiones por separado, la bondad del ajuste se analiza en el apartado 5.4.

5.3.1 Asunciones del modelo.-
En los modelos matemáticos hay que comprobar que se cumplen las condiciones en que se fundamentan. En los modelos de Cox la única asunción es que el riesgo relativo instantáneo, *hazard ratio*, sea proporcional e independiente del tiempo. Lo que supone que el efecto de las variables predictoras sobre la función de riesgo es log-lineal, además la relación entre esta función log-lineal y $h_0(t)$ es multiplicativa, es decir, proporcional. Esto se puede comprobar gráfica y estadísticamente. La comprobación gráfica solo se puede hacer con variables categóricas.

Si se cumplen las asunciones las curvas de riesgo son paralelas, se ve mejor en la gráfica de la transformada logarítmica.

5.3.2 Condiciones de aplicabilidad del modelo con SPSS.-
A partir de ejemplos se estudia como comprobar que un determinado modelo de Cox cumple las condiciones de aplicabilidad. En primer lugar se analiza el caso de una variable cualitativa y a continuación para una variable cuantitativa.

Análisis de la Supervivencia: Regresión de Cox

Utilizando los datos del ejemplo Cirrosis, se quiere constatar si un modelo de Cox en el que hay una única variable independiente: Arañas Vasculares, que es dicotómica, cumple las asunciones del modelo.

En la pantalla que se muestra después de este párrafo, se indica como deben posicionarse las variables que van a intervenir en el modelo. Observe que la variable que se quiere estudiar está en Estratos.

Después en Gráficos se elige el de riesgo y la trasformada logarítmica.

Las variables se seleccionan de la manera siguiente:

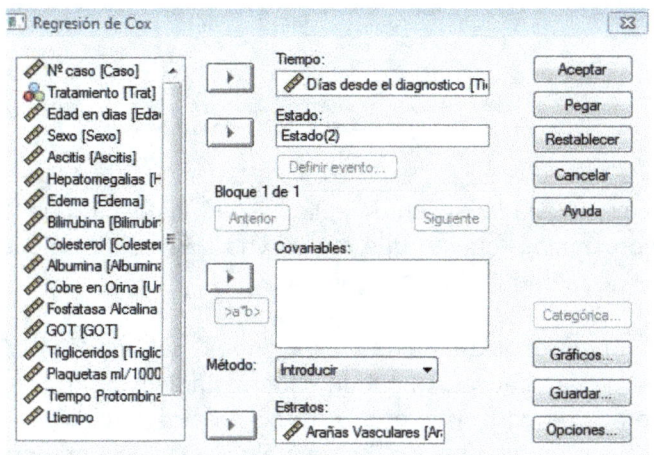

A continuación se muestran los dos gráficos.

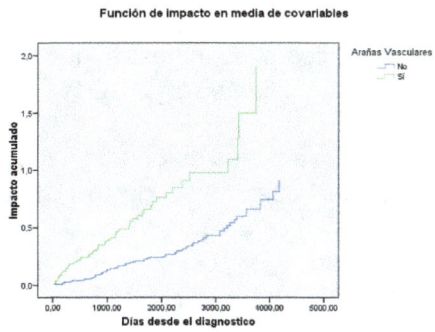

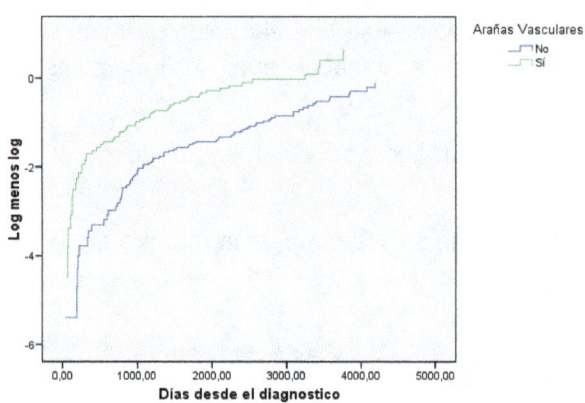

Se cumple la asunción de aplicabilidad, es decir, que los riesgos sean proporcionales, puesto que las curvas son paralelas. Se observa mejor en el de la transformada logarítmica.

La comprobación de las asunciones del modelo cuando las variables son cuantitativas se puede hacer estadísticamente, analizando si hay interacción con el tiempo. En el ejemplo Cirrosis se estudia la interacción con el tiempo de la variable GOT. En primer lugar se selecciona en el menú Supervivencia: Cox con covariable dependiente del tiempo.

En la pantalla siguiente se muestra que se ha seleccionado como variable dependiente del tiempo T_ * GOT.

El producto de dos variables es una de las posibilidades que se aplica más frecuentemente, cuando se quiere estudiar la interacción entre ellas.

Análisis de la Supervivencia: Regresión de Cox

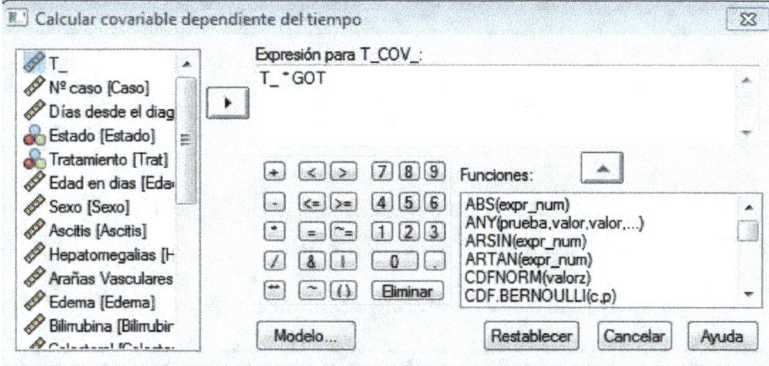

Pulsando en la "tecla" modelo:

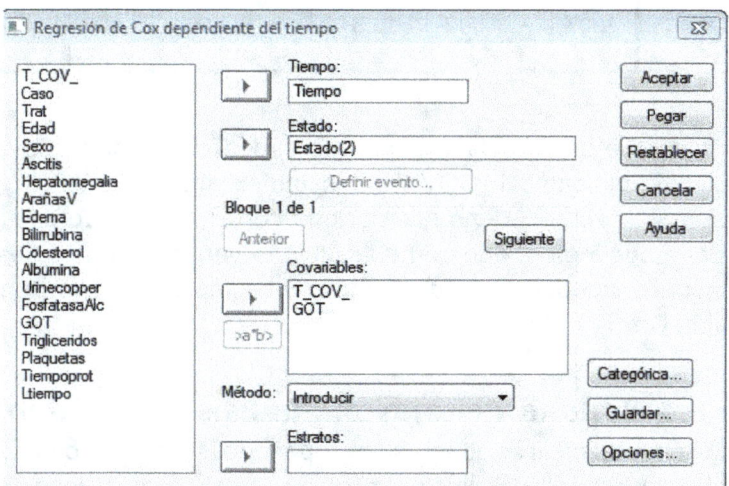

Se seleccionan como covariables Edad y la definida anteriormente. Se obtienen los resultados siguientes:

Pruebas omnibus sobre los coeficientes del modelo

-2 log de la verosimilitud
1279,960

Pruebas omnibus sobre los coeficientes del modelo[a,b]

-2 log de la verosimilitud	Global (puntuación)			Cambio desde el paso anterior			Cambio desde el bloque anterior		
	Chi-cuadrado	gl	Sig.	Chi-cuadrado	gl	Sig.	Chi-cuadrado	gl	Sig.
1256,642	30,308	2	,000	23,318	2	,000	23,318	2	,000

a. Bloque inicial número 0, función log de la verosimilitud inicial: -2 log de la verosimilitud: 1279,960
b. Bloque inicial número 1. Método = Introducir

A partir de los datos anteriores se puede comprobar que el modelo es estadísticamente significativo.

Variables en la ecuación

	B	ET	Wald	gl	Sig.	Exp(B)
T_COV_	,000	,000	,405	1	,525	1,000
GOT	,007	,002	13,374	1	,000	1,007

Observe en la tabla anterior que el coeficiente de la Covariable dependiente del tiempo T_COV no es estadísticamente significativo, por lo tanto, la variable GOT no interacciona con el tiempo. Lo cual indica que en el modelo en el que se ha incluido la variable GOT el riesgo es proporcional e independiente del tiempo. Se cumplen las asunciones del modelo de Cox.

5.4 Bondad del ajuste: análisis de residuos.- La significación estadística es el primer paso a tener en cuenta para comprobar la bondad del ajuste. La prueba basada en el logaritmo del cociente de verosimilitudes es la más utilizada.

Otra prueba muy utilizada es la de Hosmer-Lemeshow. En primer lugar se calcula el índice predictivo para cada caso, después se divide la muestra en n-tiles, lo más habitual es en cuartiles o quintiles, se crea una variable categórica donde el valor para cada caso es el ntil que le corresponde y se añade al modelo. Si mejorara el modelo indicaría que la bondad de ajuste anterior no era buena.

Igual que en los demás modelos de regresión la verificación del modelo se analiza estudiando los residuos. Un residuo es la diferencia entre el valor observado, es decir, el real y el estimado para caso por el modelo según los valores de las variables. Esta diferencia es lo que no explica el modelo, si las diferencias son grandes indica que no es adecuado. Los cálculos de los residuos son matemáticamente muy complejos, afortunadamente los paquetes estadísticos hacen los cálculos. En este texto se explica el significado de cada uno y su funcionalidad a partir de los resultados de SPSS.

En regresión de Cox los residuos más utilizados son:

Cox – Snell, de Schoenfeld y de martingala.

Residuos de Cox-Snell.- Estos residuos permiten analizar la bondad del ajuste: el modelo es adecuado si son pequeños, se suelen denotar como rc_i.

Residuos de Schoenfeld.- Estos residuos permiten analizar los puntos de influencia, los valores atípicos y el cumplimiento de las asunciones. Su valor es cero para los casos incompletos, hay un residuo por cada variable predictora y caso, es decir, si el modelo tiene cuatro variables predictoras, por cada caso habrá cuatro valores residuales de Schoenfeld. Son los más efectivos para detectar anomalías en cada variable.

Residuos de martingala: permiten analizar la funcionalidad de las covariables. Se calculan mediante la siguiente fórmula:

$$m_i = d_i - rc_i$$

En la expresión anterior m_i es el iésimo residuo, d_i es el iésimo valor del evento, es decir, muerto o censurado. En general su valor es 1 si se observa el evento y 0 si no se observa, en cuyo caso el valor de los residuos de martingala es negativo para los casos censurados, censados; rc_i es el iésimo residuo de Cox-Snell. Los gráficos de residuos más utilizados son en los que se representa en ordenadas el valor del residuo y en abscisas el tiempo o el índice predictivo.

Vector Delta-beta.- Éste parámetro permite investigar si algún caso tiene un peso importante en el modelo. Se calcula para cada variable y para el iésimo caso. La diferencia entre el valor del coeficiente beta para esa variable cuando intervienen todos los casos y cuando se excluye el iésimo caso es:

$$(\text{Delta-Beta})_{ij} = \beta_j - \beta_{j(i)}$$

$\beta_{j(i)}$ es el coeficiente correspondiente a la jésima variable habiendo excluido para el cálculo al iésimo caso.

La representación para cada variable en ordenadas de los valores de Delta-Beta y en abscisas del tiempo, permiten visualizar la posible influencia destacada de alguno de los casos.

5.4.1 Análisis de residuos de modelos de Cox con SPSS.-
Si en la pantalla correspondiente a los modelos de Cox se pulsa la "tecla" Guardar se obtiene la pantalla siguiente:

Las variables que se pueden obtener para cada caso si se selecciona Función, Error típico, Log menos log o X*beta se comentaron en el capítulo 4.

Si se selecciona Función de impacto se incluye una nueva variable en la base de datos correspondiente a los residuos de Cox Snell para cada caso.

Si se selecciona Residuos parciales se genera una variable por cada covariable y para cada caso correspondiente a los residuos de Schoenfeld.

Los residuos de martingala se pueden obtener mediante sintaxis, también generando una nueva variable a partir de los residuos de Cox Snell, recuerde que son iguales al valor de la variable estado menos estos residuos.

Si se selecciona DfBetas se genera una variable por cada covariable en el que se incluyen los valores Delta-Beta según se definieron anteriormente, para cada caso.

5.5 Estrategias de modelización.-

En la construcción de los modelos multivariantes se pueden emplear algunas estrategias. Los paquetes estadísticos ofrecen diversas posibilidades para construir modelos de manera automática. SPSS en la pantalla donde se seleccionan las variables debajo de las covariables, en Método, se puede desplegar un menú que ofrece varias posibilidades de modelización, la opción por defecto es introducir.

El método introducir genera el modelo con las covariables que se han seleccionado, después se vuelve a construir otro modelo con las variables cuyos coeficientes sean estadísticamente significativos al nivel que se haya considerado. Esta es la construcción más lógica en la que el investigador selecciona las variables que le parecen más adecuadas para sus necesidades, atendiendo a criterios técnicos. La mejor manera de construir modelos, en mi opinión, es seleccionar una a una las covariables y estudiar el efecto de la introducción de una nueva variable en los coeficientes y la significación estadística, de esta manera se pueden estudiar fenómenos de confusión y de interacción y componer modelos que tengan sentido técnico, clínico en las ciencias de la salud.

Los métodos automáticos seleccionan las variables según criterios estadísticos en lugar de técnicos. Es muy informativo analizar los cambios probabilísticos que se producen al componer los modelos, por eso no se aconseja la modelización automática, no obstante, a continuación, se comentan las características principales de estos métodos.

Los métodos hacia adelante (Forward) van introduciendo las variables una a una según criterios estadísticos. En primer lugar se incluye la covariable cuyo logaritmo del cociente de verosimilitud (LCV) es mayor, después se calcula el LCV de nuevo para todas las variables y se introduce en el modelo la más significativa, es decir, aquella para la que el LCV sea mayor y así sucesivamente mientras las variables sean estadísticamente significativas. Hay opciones en las que las variables una vez incluidas en el modelo no son ya eliminadas aunque dejen de ser estadísticamente significativas al introducir otras.

En los métodos hacia atrás backward se construye el modelo con todas las covariables. Si todos los coeficientes de todas las covariables son estadísticamente significativas se acepta el modelo, en caso contrario se van eliminando variables hasta que se consiga un modelo en el que las variables sean significativas al nivel indicado, que suele ser 0,05.

En los métodos por pasos (Stepwise), que son los más utilizados, son una modificación de Forward. La primera variable que se incluye es la que tiene el mayor LCV, después la siguiente y así sucesivamente. Se puede definir en Opciones, la probabilidad de entrada (PIN) que por defecto es 0,05, esto quiere decir que se incluirán variables en el modelo siempre y cuando la significación estadística sea menor que 0,05. Una vez incluida la variable en el modelo, puede ocurrir que al introducir otras, la significación estadística se modifique, se puede definir en Opciones la probabilidad de salida (POUT) que por defecto es 0,1, esto quiere decir que una vez introducida en el modelo se mantendrá mientras su significación estadística sea menor que 0,1.

Ejercicios

Ejercicio 5.1.- En el ejemplo T_renal hay una variable denominada Fun_ini, funcionalidad inicial del injerto que tiene tres categorías: 1 Si, 2 Diferida y 3 No. Construir un modelo de Cox en el que solo haya una covariable, la definida anteriormente.

a) Expresar el modelo.

b) Calcular los riesgos relativos instantáneos, *hazar ratio*, entre las situaciones definidas por la variable.

Ejercicio 5.2.- A partir de los datos del ejemplo Cirrosis elaborar un modelo de Cox, en el que el evento de interés es la muerte en función del tiempo desde el diagnóstico, con una única covariable: Hepatomegalia que es dicotómica codificada con 0 para No y 1 para Si.

a) Comprobar la significación estadística y expresar el modelo.
b) Calcular el riesgo relativo instantáneo, HR, de tener hepatomegalia respecto a no tenerla.
c) Comprobar gráficamente que se cumplen las asunciones del modelo de Cox.
d) Realizar un estudio de los residuos de Cox-Snell.

Ejercicio 5.3.- Los datos del archivo de ejemplo Ca.renal contienen información de pacientes diagnosticados de cáncer renal, el tiempo de supervivencia se expresa en meses. Se muestran los valores de la creatinemia al comenzar el estudio, Crb; a los 12 meses, Cr12 y a los 24 meses, Cr24.

Estimar un modelo de Cox, en el que se tenga en cuenta la influencia de la creatinemia en la probabilidad de que ocurra el evento, teniendo en cuenta las determinaciones sucesivas.

Bibliografía

Cox, D.R. (1972). Regression models and life tables (with discussion). Journal of the Royal Statistical Society: Series B, 34: 187-220.

Elandt-Johnson, R.C. & Johnson, N.L. (1980). *Survival models and data analysis*. New York: John Wiley& Sons.

Kay, R. (1984). Goodness-of-fit methods for the proportional hazards regression model: a review. *Revtced'Epidémiologie et de Sant6 Publique, 32,* 185-198.

Cox, D.R. y Oakes, D. (1984). Analysis of survival data. London: Chapman and Hall.

Therneau, T.M., Grambsch, P.M. y Fleming, T.R. (1990). Martingale-based residuals for survival models. Biometrika, **77**: 147-160.

V. Abraira, A. Pérez de Vargas; Métodos multivariantes en Bioestadística. Ed. Centro de estudios Ramón Areces 1996.

Hosmer, D.W. y Lemeshow, S. (1999). *Applied Survival Analysis: Regression Modeling of Time to Event Data*. N.Y.: John Wiley & Sons, Inc.

Therneau, T.M. y Grambsch, P.M. (2000). Modeling Survival Data: Extending the Cox Model. N.Y.: Springer-Verlag.

SPSS Advanced Statistical Procedures Companion SPSS Inc. Chicago 2009 EE.UU.

Capítulo 6

El análisis de la supervivencia en los Ensayos Clínicos

Una de las aplicaciones más extendidas del análisis de la Supervivencia es a los Ensayos Clínicos. Estos pueden realizarse para comprobar si existen diferencias entre dos o más terapias, generalmente en humanos, pero también se hace este tipo de estudios en Veterinaria y Fitoterapia. En este capítulo se comentan los temas principales de aplicación y sus peculiaridades. Uno de los asuntos más importantes es el análisis del riesgo del que se deduce el número necesario de pacientes a tratar para evitar un evento, NNT.

6.1 El Análisis de la Supervivencia y los Ensayos Clínicos.- El análisis de la Supervivencia es una técnica estadística cada vez más utilizada en este tipo de estudios. Las primeras aplicaciones en las ciencias de la salud fueron el análisis de datos de investigaciones epidemiológicas, para estudiar la supervivencia en distintas situaciones: fumadores versus no fumadores, sedentarios versus no sedentarios... y los conocidísimos estudios de comparación de mortalidad entre las personas que tienen un colesterol elevado y las que no lo tienen.

Las enfermedades cancerosas afectan a una proporción cada vez más importante de la población, debido al aumento de la edad media de la población y a la exposición a agentes cancerígenos. Uno de los temas de mayor interés en Oncología, es comparar la Supervivencia de los pacientes a los que se trata con distintas terapias, para conocer cuál es la mejor.

Los trasplantes de órganos, cada vez más frecuentes, es otro importante campo de estudio. El análisis de la Supervivencia tiene importantes aplicaciones para conocer la duración del órgano trasplantado y del paciente, en relación a la edad, el sexo, enfermedades concomitantes...

En otras muchas disciplinas es necesario aplicar esta técnica estadística. En enfermedades infecciosas, el análisis de la Supervivencia de pacientes HIV(+), ha permitido conocer las mejores terapias. En traumatología interesa conocer la duración de prótesis de caderas, de rodillas o cualquier otra en diversas circunstancias. En Cardiología, Neumología y prácticamente en todas las especialidades médicas el estudio estadístico de la Supervivencia es cada vez más frecuente.

En los párrafos anteriores se han comentado situaciones en las que interesaba conocer la duración de la vida de personas, injertos o prótesis, que fueron las primeras aplicaciones del Análisis de la Supervivencia a las Ciencias de la Salud. En la actualidad, se aplica cada vez más a otras cuestiones como duración de un síntoma, tiempo entre crisis, tiempo de respuesta a una terapia...

6.2 Ensayos clínicos.-

Los ensayos clínicos son estudios científicos, cuyo objetivo es comparar el efecto de dos o más tratamientos simultáneamente. Pueden aplicarse al estudio terapéutico en seres humanos y en animales; aunque la palabra clínicos no sería apropiada, diseños similares se utilizan para probar terapias en botánica.

Hay varios tipos de diseños, pero los más numerosos y a los que se hace referencia en éste capítulo son los aleatorizados con dos o más grupos de comparación. Básicamente, consisten en seleccionar una muestra de pacientes u otros elementos, que se asigna aleatoriamente a los grupos que integran el estudio, como se muestra en la imagen siguiente:

Asignación Aleatoria

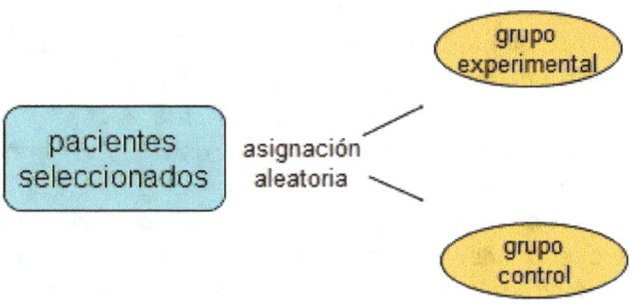

A los integrantes del grupo experimental se les trata con la terapia que se quiere ensayar y a los del grupo control con otra terapia o con placebo.

Dependiendo de los objetivos, se pueden distinguir dos tipos de Ensayos Clínicos: a) Ensayos de superioridad; b) Ensayos de no inferioridad.

a) El objetivo de los ensayos de superioridad es demostrar que una terapia es mejor que otra.

b) Los estudios de no inferioridad tratan de probar que una terapia no es inferior a otra. Cuando para una enfermedad hay un tratamiento reconocido como eficaz, no es ético comparar frente a placebo, en estos casos hay que comparar la nueva terapia con otra reconocida como eficaz. En estos casos es suficiente comprobar que no es inferior para que se apruebe su comercialización, si el estudio de seguridad, efectos adversos, lo permite.

6.3 Análisis de datos en los Ensayos Clínicos.-

Durante los ensayos clínicos, habitualmente, se realizan varios análisis de datos. Pueden ser:

Análisis basal.

Análisis intermedios o de seguimiento.

Análisis final.

Análisis basal.- Al análisis que se hace inmediatamente después de la aleatorización, se le denomina análisis basal.

La asignación aleatoria disminuye la probabilidad de desequilibrio entre los grupos, sobre todo si es estratificada, pero en ocasiones, por efecto del azar, puede haber diferencias en variables importantes, que si no se tienen en cuenta en el análisis final podría considerarse que el efecto de los tratamientos es diferente. Por ejemplo, en un estudio se quiere comparar dos tratamientos para el cáncer de pulmón; el objetivo principal es demostrar si hay una supervivencia mayor en alguno de los grupos, a los cinco años de comenzar el tratamiento. En el análisis basal se detecta una diferencia de edad entre los dos grupos, que puede influir en los resultados, en el análisis final puede controlarse el efecto de la edad, aunque esto es correcto desde el punto de vista estadístico, posiblemente el estudio tendría detractores.

La aleatorización, es decir, la asignación a los grupos de tratamiento, es el momento del comienzo del estudio de supervivencia, t_0, que, en general, no se corresponde con un instante determinado en el eje temporal, puesto que el estudio no comienza para todos los pacientes a la vez; es el comienzo del seguimiento para cada paciente.

Análisis intermedios o de seguimiento.- En la mayoría de los ensayos clínicos, además de los análisis basal y final se realizan uno o más análisis intermedios, también denominados de seguimiento. Por ejemplo, un estudio cuya variable principal es la mortalidad a los cinco años, puede incluir análisis de datos al año de iniciado el estudio, a los dos años, etc.

Los resultados intermedios, también denominados de seguimiento, son interesantes por razones éticas y científicas, para ver la evolución de las variables a lo largo del tiempo. Por ejemplo, si se realiza un estudio con pacientes afectados de insuficiencia cardiaca, siendo una de las variables de interés el tiempo de ejercicio aerobio que es capaz de realizar un paciente, aunque a los cinco años haya diferencias estadística y clínicamente significativas, puede ser muy interesante ver la evolución de la variable a lo largo del tiempo en los dos grupos.

Por razones éticas hay dos consideraciones para que se realicen:

1) El tratamiento experimental es perjudicial debido a efectos adversos inesperados en número o cualidad, en cuyo caso se debería interrumpir el ensayo.

2) El tratamiento experimental es mucho mejor que el placebo o que el tratamiento del grupo control. En este caso se puede plantear al comité de seguimiento suspender el ensayo, antes de tiempo, para poner a disposición de todos los pacientes afectados por la enfermedad de interés en el ensayo el nuevo tratamiento.

Interrupción anticipada del ensayo.- La interrupción anticipada del ensayo puede producirse por cualquiera de las dos razones anteriores. La mayoría de los expertos creen que el ensayo debe interrumpirse cuando se demuestre que hay evidencias suficientes de que los efectos adversos de la nueva terapia son más graves de lo esperado. En el año 2002, se interrumpieron dos ensayos clínicos que trataban de demostrar que la terapia hormonal sustitutiva era beneficiosa en mujeres posmenopáusicas, debido a que los efectos adversos graves eran mayores en las pacientes del grupo tratado con hormonas que las del grupo control. El problema planteado fue importante, millones de mujeres tomaban, algunas desde hacía años, la terapia hormonal sustitutiva.

La otra razón para interrumpir el ensayo es mucho más controvertida, es el caso de que en los análisis intermedios se evidencie que la nueva terapia es mejor que el placebo o que la otra terapia aplicada a los pacientes del grupo control. Se plantea un dilema, por un lado continuar el ensayo hasta la finalización, a veces, varios años después, y privar a muchos pacientes de una terapia aparentemente útil para tratar su enfermedad, sobre todo cuando no hay otras terapias conocidas frente a la enfermedad de interés en el ensayo. Es una decisión difícil de tomar, además, en éste caso suele haber presiones de los patrocinadores, ya que la comercialización del nuevo tratamiento les produciría muchos beneficios, con la propaganda añadida de una interrupción anticipada del ensayo por su evidente superioridad. Sin embargo, una interrupción prematura puede ser una fuente de problemas, si en la práctica no se evidencian las ventajas objetivadas en el ensayo, o si dichas ventajas son ciertas al principio del tratamiento, pero dejan de serlo con el transcurrir del tiempo. Hay una disyuntiva entre el deseo de poner a disposición de los pacientes, cuanto antes, una nueva terapia y continuar el ensayo para disponer de datos obtenidos en un estudio completo, que va a aportar más información, y más fiable sobre la nueva terapia. La mayoría de los autores creen que excepto en el caso de beneficios realmente extraordinarios se debe concluir el ensayo.

La mayoría de los expertos indican que en el protocolo del ensayo deben figurar las condiciones para interrumpir el ensayo, y la variable en la que se basarán los criterios de interrupción, habitualmente ésta es la mortalidad o eventos de consecuencias muy graves.

La mayoría de las reglas de interrupción de los ensayos están basadas en criterios estadísticos, la de O´Brien para mortalidad, propone cinco análisis, uno al año, siendo las probabilidades a tener en cuenta para interrumpir el ensayo para cada uno de los cinco análisis las siguientes: 1) p<0,00000001, 2) p< 0,0001; 3) p< 0,001; 4) p<0,004; 5) 0,009. Otros autores como Peto, proponen tres análisis y la probabilidad que propone, en todos ellos, para interrumpir el ensayo es p<0,001.

La p, por si sola, es un factor de decisión que no tiene la información completa de lo que ocurre en el estudio. Diferencias clínicamente importantes con grupos pequeños pueden tener poca significatividad estadística; sin embargo, diferencias pequeñas, clínicamente menos importantes, pueden ser estadísticamente muy significativas, si los grupos son muy numerosos. Los parámetros a considerar para interrumpir el ensayo tienen que tener en cuenta los dos aspectos: el clínico y el estadístico.

Análisis final.- Al finalizar el ensayo se realiza el análisis estadístico definitivo de los datos, es decir, el análisis final. Los resultados del estudio, los que determinan la comparación de las terapias y a partir de los que se elaboran las conclusiones son los obtenidos en éste análisis.

Los análisis estadísticos más utilizados en los ensayos clínicos son: comparación de medias, comparación de proporciones, asociación de variables cualitativas, análisis del riesgo y comparación de curvas de supervivencia.

En éste capítulo se estudia el análisis de la supervivencia y del riesgo a partir de las funciones de supervivencia.

Análisis de la Supervivencia: Regresión de Cox

6.4 Eventos temporales de interés en los Ensayos Clínicos.-

En los ensayos clínicos, con pocas excepciones, los eventos de interés en el análisis de la supervivencia aplicado a los Ensayos Clínicos son de tres tipos:

Tiempo de vida, time to event.

Tiempo de respuesta.

Tiempo intercrisis.

Tiempo de vida o de supervivencia.- Es el tipo de estudio clásico, aplicable a personas, órganos, injertos e incluso a prótesis. El evento de interés, es la muerte, el fracaso del órgano o injerto implantado, que ocurra un evento determinado como un infarto de miocardio, un ICTUS...

En caso de que se comparen dos o más terapias, la variable principal es la supervivencia en cada grupo al final del estudio. También son muy importantes las diferencias en supervivencia en los análisis de seguimiento.

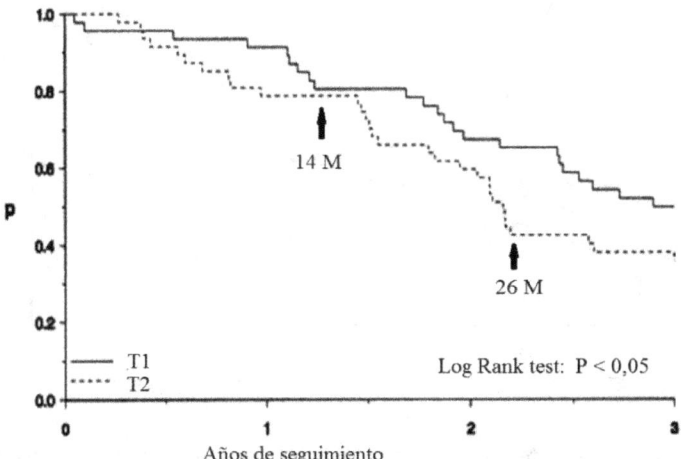

En el gráfico anterior se observa que las diferencias entre las supervivencias cambian en relación al tiempo. Al principio no hay diferencias relevantes. Al año de seguimiento se observan diferencias moderadas que se minimizan a los 14 meses, la diferencia máxima se observa a los 26 meses y parece que se estabiliza después. La prueba de Log Rank evalúa las diferencias entre las funciones de supervivencia de manera global, pero no para tiempos concretos. En los casos en que las diferencias aumentan y disminuyen en función del tiempo, si se está interesado en analizar las diferencias en un instante determinado hay que hacerlo aplicando la expresión (3.1). En la curva anterior no hay diferencias ni clínica ni estadísticamente significativas a los 14 meses de seguimiento y sí las hay a los 26 y 36 meses.

Las diferencias clínicas son las encontradas entre las funciones de supervivencia, que pueden ser estadísticamente significativas o no. Al comparar las terapias hay que indicar en que momentos se han analizado las divergencias.

En general, se suelen mostrar las curvas de supervivencia en función del tiempo que siempre son descendentes, pero en ocasiones se muestra lo contrario a la supervivencia, es decir, la proporción de pacientes en los que ha ocurrido el evento. En éste caso las curvas son ascendentes, ya que los eventos aumentan al pasar el tiempo.

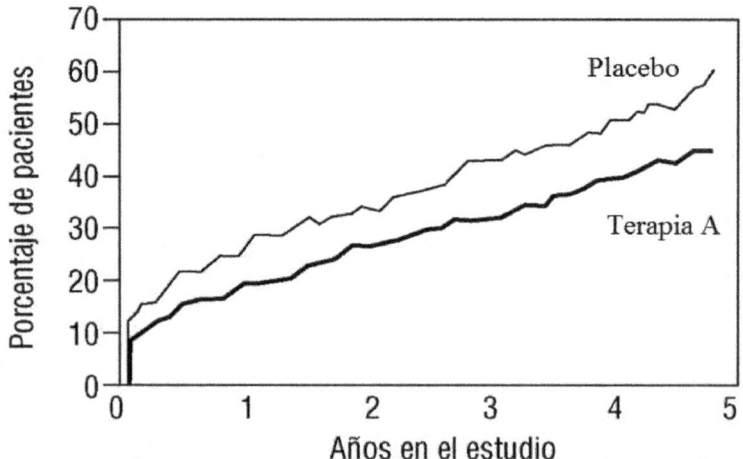

La curva anterior muestra el seguimiento de pacientes tratados con placebo o con simvastatina. El evento de interés es la muerte por causas coronarias. Se muestra el porcentaje de pacientes en los que se ha observado el evento. Observe que las dos aumentan en función del tiempo, pero en la que más casos se han observado es en los pacientes tratados con placebo. La prueba de Log Rank fue estadísticamente significativa con P<0,02. Como las diferencias mayores se observan a los cinco años, es decir, al final del seguimiento se puede concluir que son estadísticamente significativas sin necesidad de realizar las comparaciones puntuales al finalizar el estudio, aunque si hay que hacerlos en los análisis intermedios.

Aunque los datos más importantes en la comparación de terapias son las diferencias entre las curvas de supervivencia en los puntos intermedios y al final del estudio, en ocasiones es importante conocer el tiempo en que la supervivencia es igual al 50% para cada tratamiento. También es frecuente estudiar el tiempo para el que la supervivencia es del 25, del 75% u otros porcentajes.

Tiempo de respuesta a una terapia.- Son numerosas las enfermedades en las que interesa conocer la diferencia en el tiempo de respuesta entre dos o más tratamientos. Por ejemplo, mejoría de un cuadro psicótico, bacteriemia en infecciones, remisión de una enfermedad tumoral tras el tratamiento con quimioterapia, rapidez de actuación de un analgésico…

El suceso de interés es que se haya producido la curación, la remisión o la desaparición del síntoma. Obsérvese que en este caso el evento a estudio es deseable, por lo tanto, la mejor terapia es aquella que en un momento dado tiene una supervivencia menor, al contrario de lo que ocurría en el caso anterior.

En el gráfico siguiente se muestran las curvas de supervivencia correspondientes al seguimiento de pacientes afectados de una enfermedad tumoral. El evento de interés es la remisión completa de la enfermedad. A los tres años de seguimiento no han remitido un 96,8% de los pacientes tratados con la Terapia A y un 92,7 de los tratados con la Terapia B. Observe que la mejor terapia es la B, porque los tratados con ella tienen un mayor porcentaje de remisiones. Las diferencias son estadísticamente significativas.

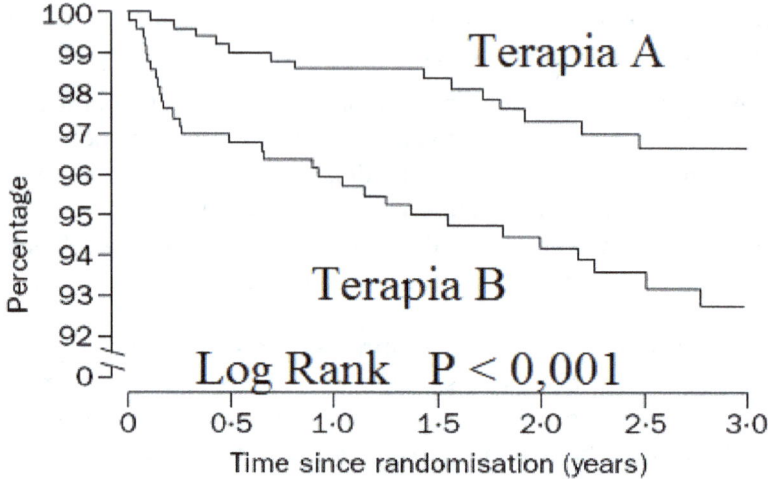

Tiempo intercrisis.- Hay muchas enfermedades en las que se producen periodos bruscos de empeoramiento a los que se denominan crisis. Por ejemplo, epilepsia, esquizofrenia, esclerosis múltiple, isquemia coronaria, ansiedad, depresión, adicciones... Aunque el objetivo de cualquier tratamiento es evitar que se produzcan las etapas críticas, es muy frecuente que éstas ocurran. En este tipo de enfermedades uno de los criterios para evaluar los tratamientos es que los tiempos intercríticos sean largos.

El análisis de la supervivencia es una técnica estadística muy utilizada para evaluar el estudio de las terapias aplicables a las enfermedades que evolucionan a brotes. El momento del comienzo del estudio, t_0, es cuando se cumplen los criterios de remisión de la última crisis. El evento de interés en el estudio es que haya una nueva etapa crítica.

El gráfico siguiente muestra la comparación de dos terapias efectivas frente a la epilepsia. Aunque en el transcurso del estudio la mejor terapia en todo momento es la A, las diferencias entre ellas no son uniformes; en los primeros meses hay recaídas apreciablemente más numerosas en los pacientes tratados con la terapia B, entre los 12 y 36 meses de observación en los pacientes tratados con la terapia B hay muy pocas crisis, después se estabilizan las diferencias. Las funciones de supervivencia se determinaron mediante la técnica de Kaplan-Meyer, las diferencias fueron estadísticamente significativas con P<0,01, lo que se comprobó mediante el test de Log Rank. Observe que se estudia el tiempo entre dos crisis epilépticas, siendo la supervivencia no tener una nueva crisis.

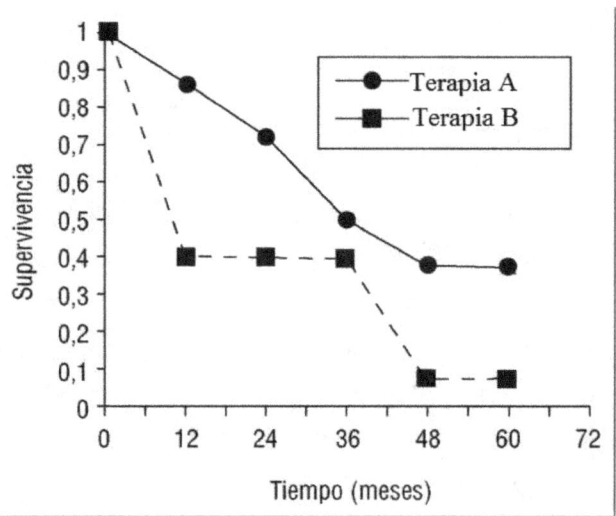

En este tipo de estudios es necesario que los tiempos de observación sean suficientemente largos para que puedan apreciarse adecuadamente las diferencias entre las terapias. En el caso anterior un tiempo de observación de 12 meses no hubiera permitido apreciar adecuadamente las divergencias entre los tratamientos.

6.5 Análisis del riesgo en los ensayos clínicos.-

Como se ha comentado en los apartados anteriores, es frecuente que el objetivo principal de los ensayos clínicos sea analizar la diferencia en la aparición de enfermedades y/o complicaciones, entre los pacientes tratados con la terapia que se quiere ensayar y el grupo control. Por ejemplo, diferencia en: accidentes cerebrovasculares, infartos de miocardio, insuficiencia renal, fracturas vertebrales, mortalidad... El análisis del riesgo es una de las maneras más eficientes de hacerlo. Riesgo es la probabilidad de que ocurra un suceso desagradable, que puede referirse a eventos relacionados con la salud, o no, por ejemplo, riesgo de morir, riesgo económico de una inversión, riesgo de tener un accidente, etc. El riesgo tiene que estar bien definido, es decir, hay que especificar las características personales y temporales a las que se hace referencia.

EJEMPLO.- En el estudio 4S una de las variables principales del estudio fue la mortalidad por causas coronarias, en la tabla 2 del estudio se muestran los resultados:

	Placebo	Simvastatina
Nº Total de pacientes	2223	2221
Muertes causa coronaria	189	111

El riego de morir por alguna causa coronaria durante el tiempo del estudio en el grupo placebo fue:

RP = 189/ 2223 = 0,085

Es decir el 8,5% de los participantes asignados al grupo control murieron durante el tiempo del ensayo por causas coronarias.

El riesgo en el grupo tratado con simvastatina fue:

RS = 111/2221 = 0,05

Durante el tiempo del estudio murieron el 5%, de los pacientes asignados al grupo tratado con simvastatina. Las diferencias son estadísticamente significativas P<0,01, y también pueden considerarse clínicamente significativas: murieron un 3,5% menos en el grupo tratado con simvastatina; por lo tanto el tratamiento hipolipemico es superior al placebo.

6.5.1 Parámetros más utilizados en el análisis del riesgo en los ensayos clínicos.- En el análisis del riesgo aplicado a los ensayos clínicos pueden emplearse diversos parámetros, los más utilizados son los siguientes:

Riesgo en cada grupo.

Reducción absoluta del riesgo.

Riesgo relativo.

Reducción relativa del riesgo.

Número necesario de pacientes a tratar para evitar un evento.

Hazard Ratio.

Razón de predominio, Odds Ratio.

Riesgo en cada grupo.- Riesgo en el grupo del tratamiento experimental, RTE, y riesgo en el grupo control, RC. El riesgo es una probabilidad, y, consecuentemente, su valor puede oscilar entre 0, lo que significa ausencia total de riesgo, a 1, que significaría la completa seguridad de que ocurra el evento.

En un análisis sobre riesgo en un ensayo clínico de dos grupos, las hipótesis son las siguientes:

H_0 RTE = RC

H_1 RTE # RC   α = 0,05.

Reducción absoluta del riesgo (RAR).- Es la diferencia entre el riesgo en el grupo control y el riesgo en el grupo experimental:

RAR = RC - RTE

Éste parámetro es uno de los más importantes, a partir de él se calculan otros fundamentales. Se supone que el riesgo en el grupo control va a ser mayor que en el grupo tratado con la terapia que se quiere ensayar. Por eso se denomina reducción del riesgo, la diferencia se calcula, poniendo como minuendo RC, no obstante si ocurriera lo contrario, es decir, que el riesgo en el grupo control fuera menor, RAR, sería negativo, lo cual hay que tener en cuenta al interpretar los resultados. En el ejemplo del estudio 4S la reducción absoluta del riesgo fue:

RAR = 0,085 – 0,05 = 0,035

Esto significa que los pacientes tratados con simvastatina en el estudio 4S, tenían una probabilidad de morir por causa coronaria un 0,035 menor que los tratados con placebo, es decir, de cada cien pacientes tratados con simvastatina morían por causa coronaria 3,5 menos que en el grupo control; refiriéndonos a mil tratados, para evitar los decimales, morirían por causa coronaria 35 menos que en el grupo tratado con placebo.

Las hipótesis estadísticas son:

H_0 RAR = 0

H_1 RAR # 0   alfa = 0,05

Si no hay diferencias entre los grupos respecto al riesgo de que ocurra un evento determinado, RAR es igual a cero, es decir, la terapia experimental no reduce el riesgo respecto al grupo control.

Riesgo relativo (RR).- Riesgo relativo es el cociente entre dos riesgos. En los ensayos clínicos lo más correcto, lo más gráfico, aunque no lo más frecuente, es poner en el numerador el riesgo en el grupo control; además, es lo más fácil de interpretar, porque, en general, el riesgo en el grupo control es mayor que en el tratado con la terapia experimental. En el ejemplo del estudio 4S el riesgo relativo fue:

RR = 0,085 / 0,05 = 1,7

En el estudio 4S, los pacientes tratados con placebo tuvieron una probabilidad de morir por causa coronaria 1,7 veces mayor que los tratados con simvastatina. Se podría calcular el riesgo relativo poniendo en el numerador el riesgo de los pacientes tratados con simvastatina en este caso el riesgo relativo sería:

RR = 0,05 / 0,085 = 0,59

Cuando el riesgo relativo es menor que 1, significa que el riesgo del grupo del numerador es menor que el del denominador, pero es más difícil de interpretar, lo mejor es poner el riesgo mayor en el numerador.

El riesgo relativo es un cociente de riesgos y, teóricamente, puede oscilar entre cero e infinito. Cero sería si en el grupo del numerador no hubiera ocurrido ningún suceso, infinito si el grupo en el que no hubiera ocurrido ningún suceso fuera el del denominador. Enjuiciar el riesgo, tanto en un ensayo clínico, como en un estudio epidemiológico para caracterizar factores de riesgo, puede ser muy engañoso si se hace considerando solo el riesgo relativo. Por ejemplo, si en un ensayo clínico el riesgo relativo, con el riesgo en el grupo control en el numerador, es igual a 3, puede parecer muy alto, y, considerar como muy útil la terapia en cuestión. Sin embargo, puede ser precipitado dicho enjuiciamiento: si el riesgo en el grupo control es 0,0003, y en el grupo tratado con la terapia experimental 0,0001, el riesgo relativo es 3, pero solo ocurrirán tres eventos cada diez mil casos en el grupo tratado con placebo, por lo tanto, antes de tomar una decisión terapéutica habría que valorar otras características, como coste, calidad de vida, efectos secundarios...

Las hipótesis estadísticas para el riesgo relativo son:

H_0 RR = 1

H_1 RR # 1   α = 0,05

Si no hay diferencias de riesgo entre los grupos, el riesgo relativo es igual a uno. En caso de que las haya, si RR > 1, indica que el riesgo del grupo del numerador es mayor que el del denominador, si RR< 1, el riesgo del grupo del denominador es mayor que el del denominador. No se puede enjuiciar un contraste de hipótesis sobre riesgo sin conocer el riesgo del numerador, y del denominador. En general, la interpretación de los resultados de una investigación a partir de parámetros relativos puede ser engañosa, éstos pueden servir como datos adicionales, pero no como datos decisorios. Como veremos más adelante los parámetros fundamentales para interpretar riesgo en ensayos clínicos son RAR y el número de pacientes a tratar para evitar un evento.

Reducción relativa del riesgo (RRR).- Es el cociente entre la reducción del riesgo absoluto, RAR, y el riesgo en el grupo control:

RRR = RAR / RC

En el caso más general, cuando el riesgo en el grupo control es mayor que en el grupo tratado con la terapia experimental, y el RAR ha sido calculado considerando como minuendo el riesgo en el grupo control. La reducción relativa del riesgo es la proporción de riesgo de los pacientes tratados en el grupo control que hubiera disminuido si hubieran sido tratados con la terapia experimental. Es un parámetro muy utilizado en el análisis del riesgo en los ensayos clínicos, sobre todo en las presentaciones de marketing, al igual que el riesgo relativo. Todos los parámetros, pero sobre todo los relativos, hay que enjuiciarlos con mucha atención. Por ejemplo, cuando en la presentación de una terapia, bien verbal, bien escrita, se destaca que una terapia reduce el riesgo de morir o de sufrir una determinada complicación en un 30%, éste sería el valor del RRR, con las consideraciones antedichas.

En el ejemplo del estudio 4S, la reducción del riesgo relativo es:

RRR = 0,035 / 0,085 = 0,41

Se podría decir que en el grupo tratado con simvastatina, en el estudio 4S, la mortalidad por causas coronarias se ha reducido en un 41% respecto al grupo control.

La reducción relativa del riesgo puede expresarse de la siguiente manera:

$$RRR = \frac{RAR}{R_C} = \frac{R_C - R_{TE}}{R_C} = 1 - RR$$

Observese que en la expresión anterior el riesgo relativo se ha calculado poniendo en el numerador el riesgo en el grupo tratado con la terapia experimental, que se había calculado en el apartado correspondiente al riesgo relativo; haciendo operaciones:

RRR = 1 − RR = 1 − 0,59 = 0,41

Éste es uno de los parámetros más impactantes para los médicos, sin embargo, es uno de los más engañosos, en los ejemplos que se analizan al final del análisis del riesgo, se expone la atención que debe ponerse para interpretar correctamente los parámetros de riesgo.

Las hipótesis estadísticas para RRR son:

H0   RRR = 0

H1   RRR # 0   α = 0,05

Si los riesgos son iguales en los grupos no habrá reducción relativa del riesgo.

Número necesario de pacientes a tratar para evitar un evento (NNT).- Éste es uno de los parámetros más utilizados en el análisis de resultados en los ensayos clínicos para estudiar el riesgo y para los análisis coste-beneficio. Este parámetro indica cuantos pacientes sería necesario tratar para evitar un evento, suponiendo que se mantuvieran los mismos resultados que en el estudio, y referido al tiempo de duración del mismo.

Análisis de la Supervivencia: Regresión de Cox

Es la inversa de la reducción absoluta del riesgo, si hay diferencias estadísticamente significativas en la RAR, también las hay en NNT.

NNT = 1 / RRA

En el ejemplo 4S el número de pacientes a tratar para evitar una muerte coronaria durante la duración del estudio fue:

NNT = 1 / 0,035 = 28,57

Hazard Ratio, HR.- En el capítulo 4 se ha comentado ampliamente el concepto de riesgo relativo instantáneo, razón de impacto o como es más conocido, Hazard ratio.

En un ensayo clínico en el que se realiza un estudio mediante modelos de regresión de Cox, HR denota la relación entre los riesgos instantáneos que es constante. Obsérvese que es un cociente de riesgos y, consecuentemente, un riesgo relativo con características especiales y que tiene nombre propio. En el ejercicio 6.2 se hace un estudio completo del riesgo mediante un modelo de regresión de Cox.

Razón de predominio, Odds Ratio, OR.- Es un indicador de riesgo, se debe usar cuando no se pueda calcular el riesgo relativo. Si su valor es 1, no hay efecto del factor, si es menor de 1 el factor es protector si es mayor aumenta la probabilidad de que ocurra el evento en cuestión. Siempre es preferible usar el riesgo relativo y en los ensayos clínicos casi siempre es correcto utilizarlo. Es cierto que muchas veces se utiliza OR y se interpreta como el riesgo relativo, esto es una incorrección. En algunos casos los valores del riesgo relativo y de la razón de predominio, Odds Ratio, son similares cuantitativamente, cuando los valores son pequeños.

En los modelos de regresión de Cox e elevado al coeficiente de regresión de una variable es el Odds Ratio que supone el aumento unitario en la variable.

Ejemplo.- En la presentación de un ensayo clínico se indica que un nuevo tratamiento para la insuficiencia cardiaca durante el tiempo del estudio redujo el número de muertes en un 50%, es decir RRR = 0,5. Éste dato es impactante, pero veamos dos estudios diferentes que pueden tener este mismo parámetro.

En el primero, el riesgo en el grupo control fue 0,5 y el riesgo en el grupo con la terapia experimental 0,25:

RC = 0,5; RTE = 0,25

RR = RC / RTE = 0,5 / 0,25 = 2

El riesgo de morir durante el tiempo del estudio fue el doble en el grupo control que en el grupo experimental.

En el grupo tratado con la terapia experimental fallecen el 25% de los pacientes durante el tiempo del estudio, mientras que la mortalidad en el grupo control es del 50%.

RAR = 0,5 – 0,25 = 0,25

La reducción del riesgo de los pacientes tratados con la terapia experimental es de un 25%.

RRR = RRA / RC = 0,25 /0,5 = 0,5

Es decir, los pacientes del grupo tratado con la terapia experimental, durante el tiempo del estudio, tuvieron la mitad de la mortalidad que los pacientes del grupo control. Además, esta mortalidad es muy alta, de cada cien pacientes tratados con la terapia experimental mueren 25 menos que los del grupo control. El número de pacientes a tratar para evitar una muerte durante el tiempo del estudio fue:

NNT = 1 / RRA = 1/0,25 = 4

De cada 4 pacientes tratados con la terapia experimental se evitó una muerte, respecto a si hubieran sido tratados con la terapia utilizada en el grupo control. Observese que durante el tiempo del estudio de cada cuatro pacientes tratados en el grupo control murieron dos, y solo uno en el grupo tratado con la terapia experimental. No cabe duda de que los parámetros indican lo beneficioso de esta terapia. Todo parece indicar que es un tratamiento que debe utilizarse en pacientes afectados de insuficiencia cardiaca, excepto en el caso de que hubiera efectos secundarios muy graves y frecuentes.

En el segundo estudio el riesgo en el grupo control fue 0,002 y el riesgo en el grupo tratado con la terapia experimental, 0,001.

RC = 0,002; RTE = 0,001

En el grupo tratado con la terapia experimental fallecen el 2 por mil de los pacientes durante el tiempo del estudio, mientras que la mortalidad en el grupo control es del uno por mil. El riesgo relativo:

RR = RC / RTE = 0,002 / 0,001 = 2

El riesgo relativo al igual que en el primer estudio. Es el doble en el grupo control que en el grupo tratado con la terapia experimental:

RAR = 0,002 – 0,001 = 0,001

La reducción del riesgo de los pacientes tratados con la terapia experimental es de un uno por mil:

RRR = RAR / RC = 0,002 /0,001 = 0,5

Los pacientes del grupo tratado con la terapia experimental, durante el tiempo del estudio, tuvieron la mitad de la mortalidad que los pacientes del grupo control. Pero, en éste caso, a diferencia del primer estudio la mortalidad es muy baja, de cada mil pacientes tratados con la terapia experimental, durante el tiempo del estudio, muere uno y en el grupo control dos. El número de pacientes a tratar, para evitar una muerte durante el tiempo del estudio fue:

NNT = 1 / RAR = 1/0,001 = 1000

De cada 1000 pacientes tratados con la terapia experimental se evitó una muerte. Obsérvese que, durante el tiempo del estudio, de cada mil pacientes tratados en el grupo control murieron dos y uno en el grupo tratado con la terapia experimental. Consecuentemente de cada mil pacientes se evita una muerte, en el tiempo del estudio, respecto al grupo control. Los beneficios de esta terapia, tanto desde el punto de vista clínico como económico, no son muy grandes, y antes de aplicarla habría que tener en cuenta muchos factores.

En éste ejemplo se observa como dos estudios muy diferentes, tienen el mismo RR, y el mismo RRR. En el primer estudio los beneficios de la terapia son muy claros, en el segundo son muy dudosos, sin embargo en una presentación se nos diría que disminuyen la mortalidad en un 50%, lo cual es verdad y muy impactante, pero un médico con conocimientos elementales del enjuiciamiento del riesgo, nunca tomaría una decisión, ni se dejaría impresionar por parámetros relativos, que, por si solos, pueden ser muy engañosos. Los parámetros más informativos son RAR y NNT.

6.6 Análisis del riesgo a partir de curvas de supervivencia.- Los parámetros de riesgo estudiados en los párrafos anteriores pueden calcularse a partir de curvas de supervivencia. Los paquetes estadísticos como SPSS proporcionan datos muy importantes, pero los parámetros de riesgo no se facilitan de manera explícita, hay que aprender a calcularlos. En el ejemplo siguiente se hace un análisis del riesgo. Observe, que, en general, los parámetros de riesgo son función del tiempo, es decir, suelen ser distintos a lo largo del estudio. Los más importantes son los correspondientes al análisis final.

Ejemplo.- Se hace un seguimiento a pacientes afectados de un tumor intestinal desde que se diagnostica la enfermedad, son tratados con dos terapias diferentes: A y B. A partir de los datos de las curvas siguientes calcular el número necesario de pacientes a tratar para evitar un evento, a los 2000 y a los 4000 días de seguimiento.

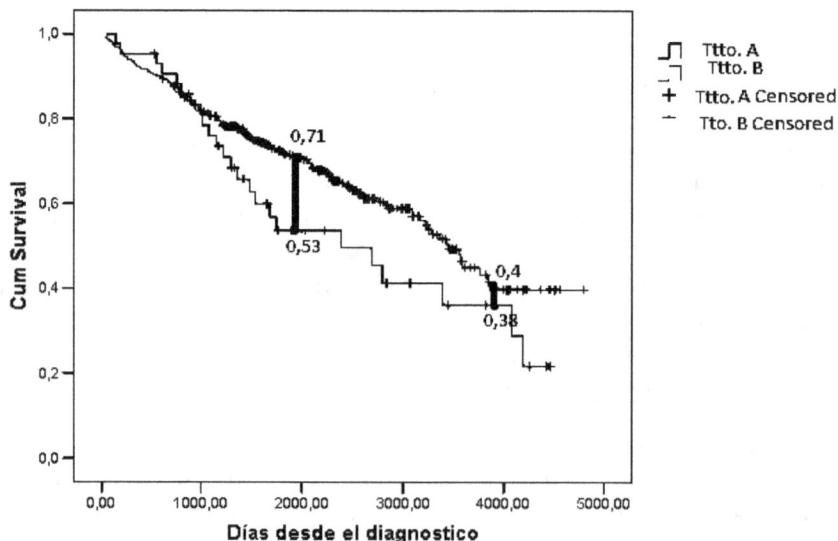

A los 2000 días de seguimiento la supervivencia de los tratados con la terapia B es 0,71, luego el riesgo de morir es 1-0,71= 0,29. En el grupo A la supervivencia es 0,53 y el riesgo de morir es 0,47.

RAR= 0,47 − 0,29; RAR = 0,18

$$NNT = \frac{1}{RAR} = \frac{1}{0,18} = 5,56$$

Por cada 5,56 pacientes tratados con la terapia B en lugar de la A, fallecería un paciente menos a los 2000 días de tratamiento.

A los 4000 días de seguimiento la supervivencia de los tratados con la terapia B es 0,40, luego el riesgo de morir es 1-0,40= 0,60. En el grupo B la supervivencia es 0,38 y el riesgo de morir es 0,62.

RAR= 0,62 − 0,60; RAR = 0,02

$$NNT = \frac{1}{RAR} = \frac{1}{0,02} = 50$$

Por cada 50 pacientes tratados con la terapia B en lugar de la A, fallecería un paciente menos a los 4000 días de tratamiento.

Observe la diferencia que hay en el análisis del riesgo entre 2000 y 4000 días.

El análisis del riesgo en el análisis de supervivencia puede cambiar, como en el ejemplo anterior, dependiendo de los instantes, por eso es necesario hacer un análisis global evaluando las ventajas e inconvenientes de las diferencias en los distintos tiempos.

Ejercicios

Ejercicio 6.1.- En un ensayo clínico se comparan dos terapias para tratar pacientes afectados de cáncer de pulmón. El evento de interés es el fallecimiento del enfermo. En el gráfico siguiente se muestran las curvas de supervivencia después de la aleatorización, destacando la supervivencia a los 3 y a los 4 años.

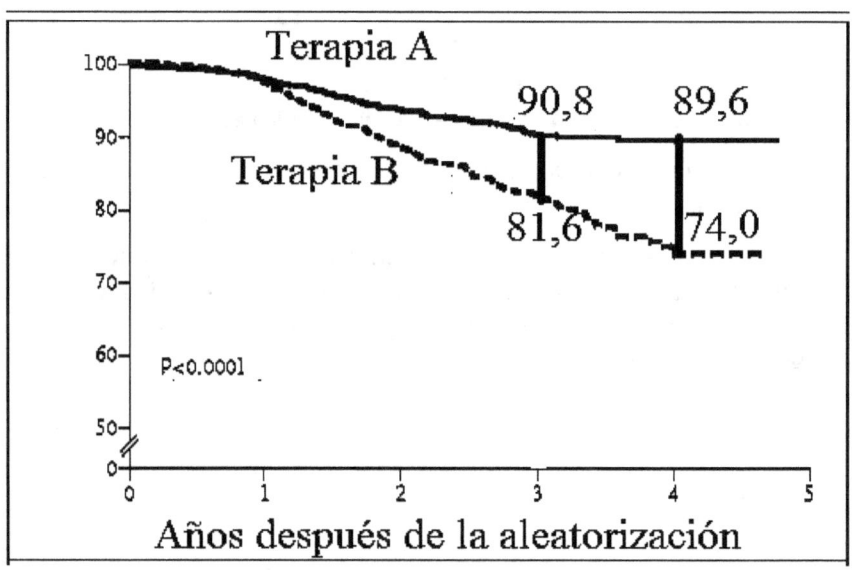

a) Calcular el riesgo de fallecer antes de los tres años de seguimiento en las dos terapias y los principales parámetros de riesgo: RAR, RR, RRR.

b) Calcular los mismos parámetros que en el apartado anterior a los 4 años de seguimiento.

c) ¿Cuál es la representación gráfica de la reducción absoluta del riesgo?

d) Comentar las diferencias en NNT.

Ejercicio 6.2.- En un ensayo clínico se comparan dos terapias, A y B. Se codifican en la variable con 0 y 1, respectivamente; observe que en este caso en el modelo solo hay una variable independiente del tiempo que define el tipo de tratamiento. Se determina el valor de beta ajustando un modelo de regresión de Cox, que es 0,66. La supervivencia a los tres años en el grupo A es 0,81. Se cumplen los criterios de aplicabilidad del método de Cox.

Definir el modelo de regresión de Cox. Calcular las funciones de riesgo para ambos tratamientos y la razón de impacto, Hazard ratio, HR.

Realizar un análisis de riesgo a los los tres años de seguimiento.

Bibliografía

Lewis JA, Machin D. Intention to treat-who should use ITT? Br J Cancer 1993; 68: 647 – 650.

Hollis S, Campbell F. What is meant by intention to treat analysis? Survey of published randomised controlled trials. Br Med J 1999; 319: 670-674.

MRC/BHF Heart protection study collaborative group. Heart protection study of cholesterol-lowering with simvastatine in 20.536 highrisk individuals: a randomised placebo controlled trial. Lancet 2002; 360: 7-22.

Miller rg, Survival Análisis. John Wiley & Sons, New York 1981.

Cox DR, Oakes D. Analysis of Survival Data. Chapman and hall, London and New York 1984.

Yusuf S, Wittes J, probstfield J, Tyroler HA. Analysis and interpretation of treatment effect in subgroups of patients in randomized clinical trials. JAMA 1991; 266: 93-8.

Olga Delgado, Et al; Equivalencia terapéutica: concepto y niveles de evidencia; Med Clin; 129(19: 736-745; 2007.

Powers JH, Cooper CK, Lin D, Ross DB. Sample Size and the Ethic noninferiority trials. The Lancet 2005; 366: 24-5.

Reporting of Noninferiority and Equivalence Randomized Trials An Extension of the CONSORT Statement JAMA. 2006;295(10):1152-1160.

Writing group for the women´s health iniciativa. Risks and benefits of estrogen plus progestin in healthy postmenopausal womwn, principal results from the womwn`s health initiative randomized controlled trial. JAMA 2002; 288:321-3.

Pocock SJ. When to stops a clinical trial. Br Med J 1992; 305: 235-240.

The scandinavian simvastatin survival study group. Ensayo aleatorio sobre la reducción de los niveles de colesterol en 4444 pacientes con cardiopatía coronaria. Lancet 1994, 344: 1383 – 1389.

Solución a los ejercicios

Capítulo 1:

Ejercicio 1.1.- Se pide la probabilidad de fallecer entre 6 y 10 meses después del tratamiento, esto se puede expresar mediante la función de probabilidad de la manera siguiente:

$$P(6 \leq t \leq 10) = \int_{6}^{10} f(t)\, dt$$

Ejercicio 1.2.-

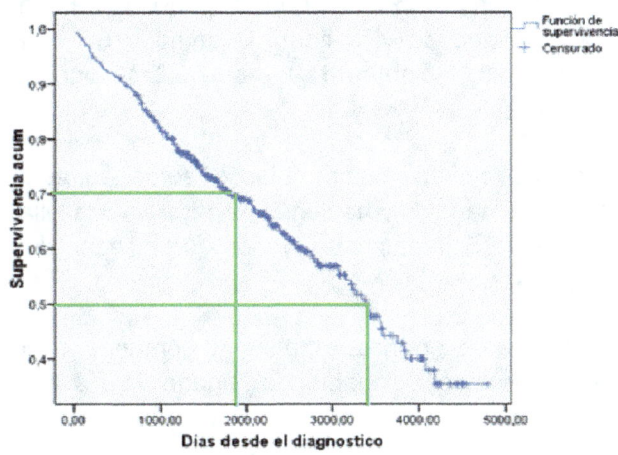

El tiempo correspondiente a la probabilidad de supervivencia del 70% se calcula proyectando una recta perpendicular al eje de ordenadas, desde el punto correspondiente a 0,7, hasta la curva de supervivencia. Desde el punto de confluencia con la curva se traza una perpendicular al eje de abscisas, el punto de corte es el tiempo correspondiente a una probabilidad de supervivencia de 0,7, 1890 días.

Operando de la misma manera con la probabilidad de supervivencia de 0,5 se obtiene un tiempo de 3395 días. La mediana de la supervivencia es uno de los puntos más importantes en estos estudios, si es que durante el tiempo de seguimiento se observan eventos suficientes como para calcular el tiempo correspondiente a una probabilidad de supervivencia de 0,5.

Ejercicio 1.3 .-

a) Se pide la probabilidad de morir antes de las 80 semanas, es decir, P(t<80). Antes de la semana 80 se han observado 5 eventos entre los diez pacientes, por lo tanto: P(t<80) = 0,5.

b) La supervivencia a las 81 semanas, S(81) es la probabilidad de vivir más de 81 semanas. Dos pacientes han vivido más de 81 semanas, por lo tanto:

S(81) = 0,2.

c) El valor de la función de riesgo, hazard, a las 64 semanas, es la probabilidad de morir en la semana 64, habiendo llegado vivo a ella, observe que no es la probabilidad de vivir hasta la semana 64. Han llegado vivos a la semana 64, 8 pacientes de los que fallece uno en dicha semana, por lo tanto h(64) = $\frac{1}{8}$ = 0,125.

El valor de la función de riesgo, hazard, a las 75 semanas, es la probabilidad de morir en la semana 75, habiendo llegado vivo a ella. Han llegado vivos a la semana 75, 7 pacientes de los que fallecen dos en dicha semana, por lo tanto h(75) = $\frac{2}{7}$ = 0,29.

El valor de la función de riesgo, hazard, a las 80 semanas, es la probabilidad de morir en la semana 80, habiendo llegado vivo a ella.

Han llegado vivos a la semana 80, 5 pacientes de los que fallecen tres en dicha semana, por lo tanto $h(80) = \frac{3}{5} = 0{,}6$.

d) La curva de supervivencia correspondiente a los datos es la siguiente:

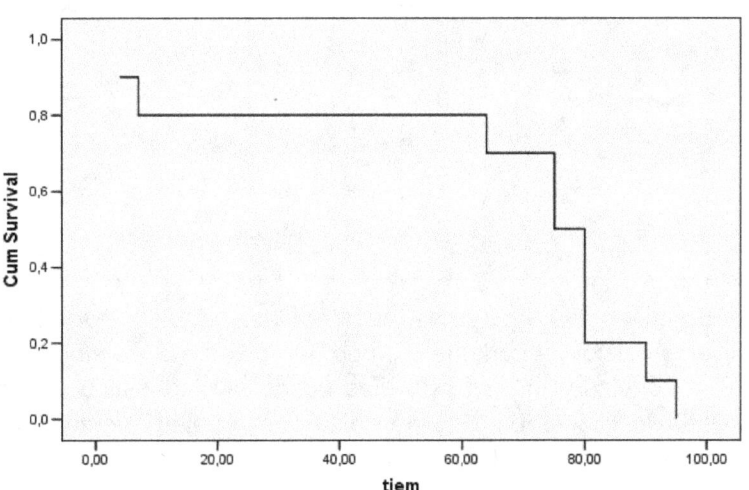

La construcción de la curva es sencilla cada vez que hay un evento se refleja en el gráfico, observe que el escalonamiento se debe a que hay pocos casos, cuando se siguen cientos o miles de pacientes, el grafo es menos escalonado.

Capítulo 2:

Ejercicio 2.1.- Estimación de la supervivencia después del diagnóstico de cirrosis, mediante el método de Kaplan Meier.

Seleccionar en el menú analizar, Supervivencia y en el correspondiente submenú, Kaplan Meier.

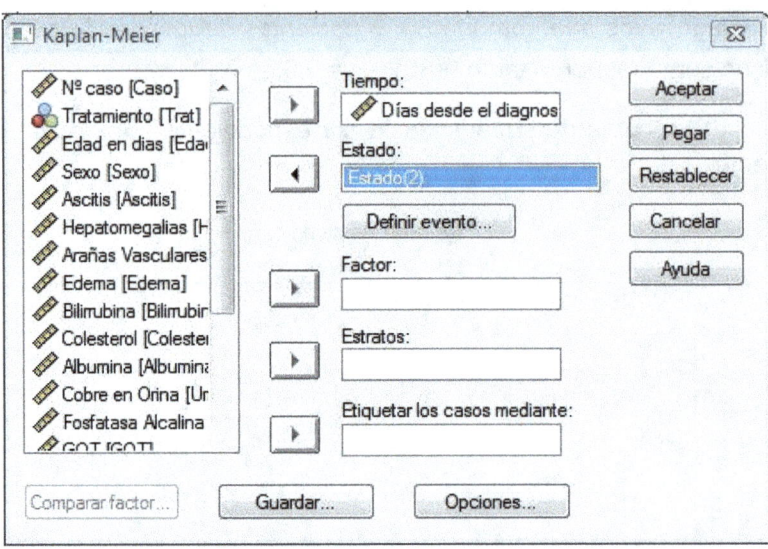

En la pantalla anterior se muestran las variables necesarias para realizar el ejercicio. La variable Tiempo, también se denomina Tiempo y en ella se codifica el número de días desde el diagnóstico de cirrosis. Como variable de estado, Estado en la que el fallecimiento que es el evento de interés está codificada con un 2.

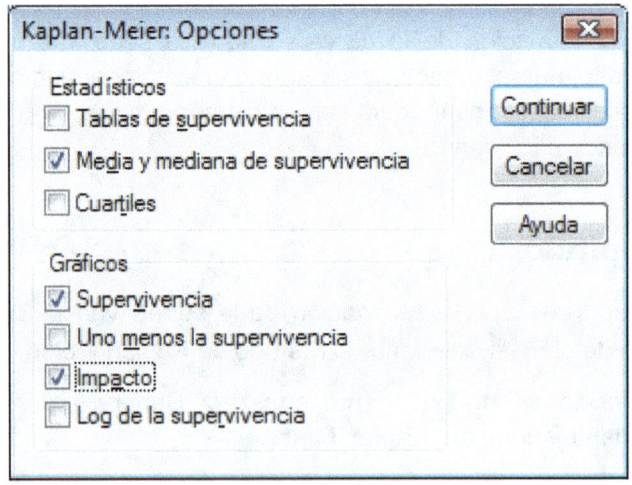

Análisis de la Supervivencia: Regresión de Cox

En opciones se ha desmarcado tablas de supervivencia, porque cuando hay muchos casos es larga y tiene poca utilidad práctica. Se mantiene media y mediana, en gráficos se selecciona Supervivencia e impacto que es la función de riesgo.

Se obtuvieron los resultados siguientes:

Resumen del procesamiento de los casos

N° total	N° de eventos	Censurado	
		N°	Porcentaje
405	159	246	60,7%

En la tabla anterior se muestran los datos correspondientes a eventos y a casos censurados, censados, registrados.

En la tabla de medias y medianas, que no se muestra aquí, se observa que la media de supervivencia desde el diagnóstico hasta la muerte es de 3046 días. El 50% viven más de 3395 días desde el diagnóstico.

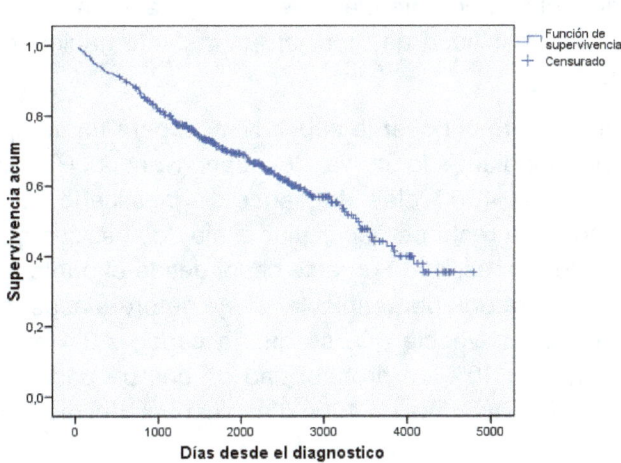

Funcion de impacto

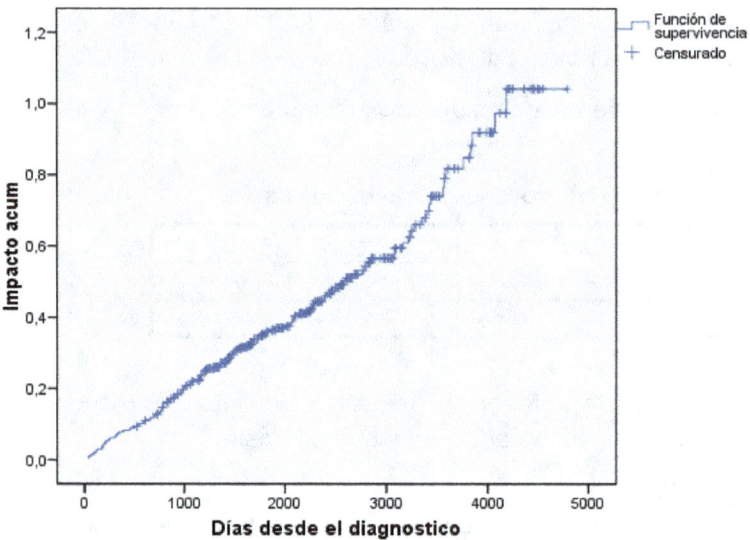

En los gráficos anteriores se muestran las funciones de supervivencia y de riesgo. Observe como la supervivencia disminuye según aumenta el tiempo, mientras que el riesgo aumenta, recuerde que el riesgo es la probabilidad de morir en un instante habiendo llegado a ese instante.

Si se necesita conocer la supervivencia para un tiempo dado se puede calcular mediante la curva de supervivencia. Por ejemplo, la supervivencia a los 4000 días de haber diagnosticado la cirrosis se calcula trazando una recta perpendicular al eje de abscisas que coincida con el tiempo de interés, 4000 en este caso; desde el punto de contacto con la curva se traza una perpendicular al eje de ordenadas, el punto de contacto es la supervivencia que se quería conocer 0,4 en este caso. Por lo tanto, hay un 40% de probabilidad de que un paciente afectado de cirrosis hepática viva más de 4000 días después del diagnóstico.

Ejercicio 2.2.- En este caso la supervivencia significa el tiempo sin fumar hasta la recaída, si es que esta se produce.

Análisis de la Supervivencia: Regresión de Cox

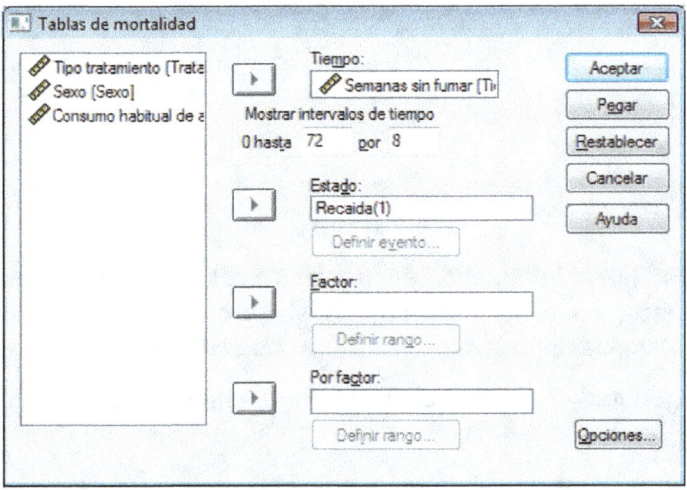

En la imagen anterior se muestran las variables implicadas Tiempo en semanas y Recaída en la que se codifica con un 1 el final de la abstinencia de fumar. El tiempo máximo de observación es de 72 semanas, por eso se pone este número, podría ponerse un número menor si solo se quisiera analizar una parte del estudio; 8 para que los intervalos temporales en la tabla tengan esta duración.

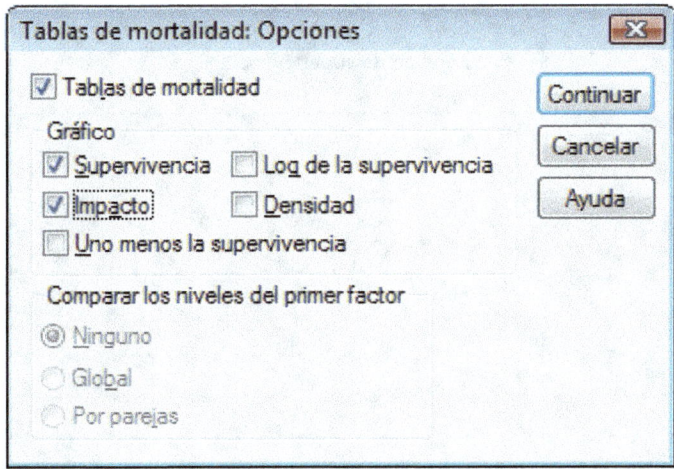

En opciones se piden la tabla de mortalidad y los gráficos de supervivencia y de riesgo. Los resultados obtenidos son los siguientes:

Tabla de mortalidad

Momento de inicio del intervalo	Número que entra en el intervalo	Número que sale en el intervalo	Número expuesto a riesgo	Número de eventos terminales	Proporción que termina	Proporción que sobrevive	Proporción acumulada que sobrevive al final del intervalo	Error típico de la proporción acumulada que sobrevive al final del intervalo	Densidad de probabilidad	Error típico de la densidad de probabilidad	Tasa de impacto	Error típico de tasa de impacto
,000	237	72	201,000	47	,23	,77	,77	,03	,029	,004	,03	,00
8,000	118	37	99,500	29	,29	,71	,54	,04	,028	,004	,04	,01
16,000	52	15	44,500	7	,16	,84	,46	,05	,011	,004	,02	,01
24,000	30	6	27,000	8	,30	,70	,32	,05	,017	,005	,04	,02
32,000	16	1	15,500	7	,45	,55	,18	,05	,018	,006	,07	,03
40,000	8	0	8,000	1	,13	,88	,15	,05	,003	,003	,02	,02
48,000	7	0	7,000	3	,43	,57	,09	,04	,008	,004	,07	,04
56,000	4	0	4,000	0	,00	1,00	,09	,04	,000	,000	,00	,00
64,000	4	0	4,000	0	,00	1,00	,09	,04	,000	,000	,00	,00

a. La mediana del tiempo de supervivencia es 20,02

En la tabla anterior se da información sobre los eventos y supervivencia en cada intervalo. En el texto en el capítulo 2 se ha explicado ampliamente el significado de cada columna.

La mitad de los participantes en el estudio están sin fumar más de 20,02 semanas.

A partir de la tabla se puede obtener información acerca del tiempo de abstinencia sin fumar de los participantes. Por ejemplo, a las 32 semanas desde el comienzo del estudio no habían recaído el 18% de los participantes; y de los que consiguieron llegar a las 48 semanas de abstinencia no se observó la recaída de ninguno hasta el final del estudio.

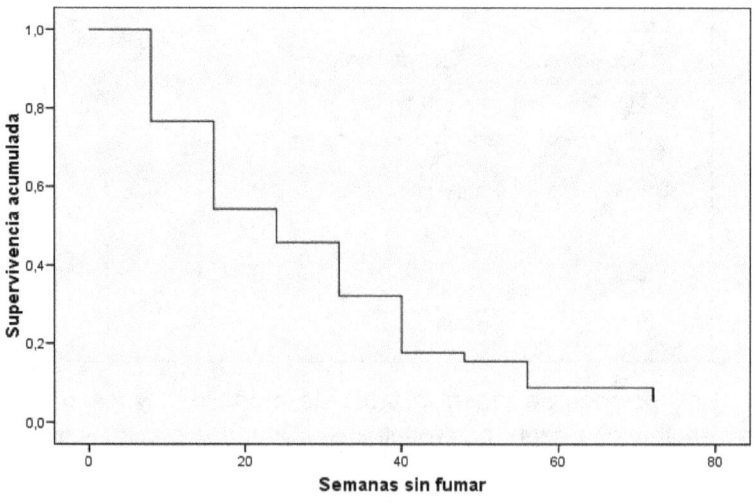

Función de supervivencia

Función de impacto

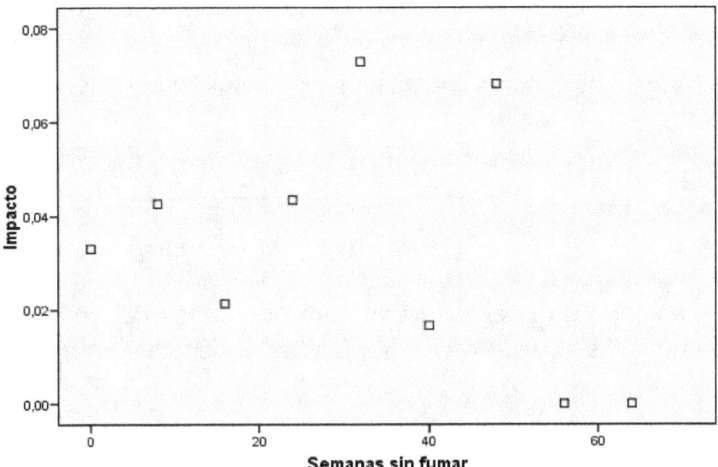

En los gráficos correspondientes a la función de supervivencia el escalonamiento es debido a que se estudia la supervivencia en intervalos. En la gráfica correspondiente a la función de riesgo, cada punto representa el riesgo, hazard, de volver a fumar en cada intervalo.

Capítulo 3:

Ejercicio 3.1.-

a) Los intervalos de confianza se calculan mediante la siguiente expresión:

$$L_i = S - 1,96 \text{ EES}; \qquad L_s = S + 1,96 \text{ EES}$$

$$L_{iA} = 0,87 - 1,96 \cdot 0,034 = 0,803$$

$$L_{sA} = 0,87 + 1,96 \cdot 0,034 = 0,937$$

$S_A \in (0,803\ ;\ 0,937)$ 95% confianza. Hay un 95% de probabilidad de que los pacientes del grupo A tengan una supervivencia a los tres años entre el 80,3 y el 93,7 %.

$$L_{iB} = 0,77 - 1,96 \cdot 0,027 = 0,717$$

$$L_{sB} = 0,77 + 1,96 \cdot 0,027 = 0,823$$

$S_B \in (0{,}717 \; ; \; 0{,}823)$ 95% confianza. Hay un 95% de probabilidad de que los pacientes del grupo B tengan una supervivencia a los tres años entre el 71,7 y el 82,3 %.

b) La significación estadística se calcula mediante la siguiente expresión:

$$t_{n_1+n_2-2} = \frac{\hat{s}_{1(t_i)} - \hat{s}_{2(t_i)}}{\sqrt{EE(\hat{s}_{1(t_i)})^2 + EE(\hat{s}_{2(t_i)})^2}}$$

Teniendo en cuenta que la suma de casos de los dos grupos superan los 120 se puede aproximar la t de Student a la normal:

$$Z = \frac{0{,}87 - 0{,}77}{\sqrt{0{,}034^2 + 0{,}027^2}}$$

Como Z=2,3, consultando las tablas correspondientes a la normal P<0,02. Por lo tanto las diferencias son clínica y estadísticamente significativas, se puede concluir que a los tres años de seguimiento, los pacientes tratados con la terapia A tienen una supervivencia mayor que los tratados con la B.

DS = 0,87 – 0,77 = 0,17;   P < 0,02

Ejercicio 3.2.-

a) A partir de los datos del ejemplo Tabaco comparar las curvas de supervivencia entre los que tienen hábito alcohólico y los que no lo tienen.

En la pantalla siguiente se relacionan las variables implicadas en éste estudio. Se ha seleccionado como variable temporal, Tiempo, observe que en la pantalla aparece Semanas sin fumar, que es la etiqueta. Como variable Estado se ha seleccionado Recaída, en la que está codificado con un 1 el final de la abstinencia de fumar, es decir, la recaída que es el evento de interés en este estudio. El factor es la variable Alcohol.

Análisis de la Supervivencia: Regresión de Cox

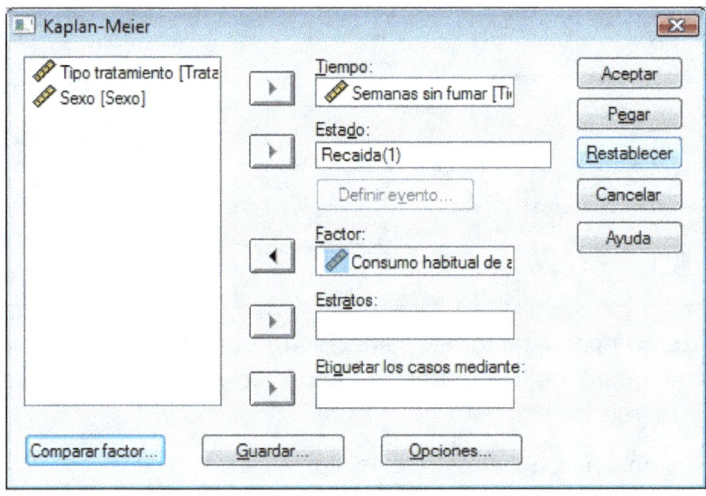

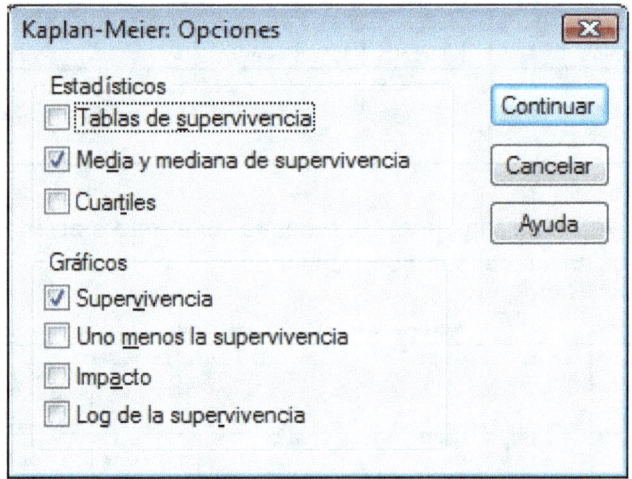

En Opciones se ha desmarcado la tabla de supervivencia, se mantiene la tabla correspondiente a la media y a la mediana y se pide la curva de supervivencia.

En comparar factor se selecciona la prueba de Log rango y se deja como modo de comparación la opción por defecto: Combinada sobre los estratos.

Se obtuvieron los resultados siguientes.

Resumen del procesamiento de los casos

Consumo habitual de alcohol	Nº total	Nº de eventos	Censurado	
			Nº	Porcentaje
NO	83	21	62	74,7%
SI	154	82	72	46,8%
Global	237	103	134	56,5%

En la tabla anterior se muestra una información sobre los eventos y los casos censurados, censados.

Medias y medianas del tiempo de supervivencia

Consumo habitual de alcohol	Media[a]				Mediana			
	Estimación	Error típico	Intervalo de confianza al 95%		Estimación	Error típico	Intervalo de confianza al 95%	
			Límite inferior	Límite superior			Límite inferior	Límite superior
NO	42,271	5,965	30,578	53,963	72,000	36,037	1,368	142,632
SI	19,995	1,600	16,860	23,130	16,000	3,052	10,018	21,982
Global	24,038	2,097	19,928	28,149	19,000	3,341	12,452	25,548

a. La estimación se limita al mayor tiempo de supervivencia si se ha censurado.

En el análisis de supervivencia hay que tener en cuenta los valores de la media, de la mediana y las curvas de supervivencia. Las personas que no tienen hábito alcohólico consiguen una abstinencia media de 42,3 semanas frente a las 19,99 de los que toman alcohol. La mediana de abstinencia de los que no toman alcohol es de 72 semanas, es decir, la mitad consiguen 72 semanas de abstinencia, frente a las 16 semanas de los que toman alcohol. Hay diferencias muy importantes entre los que toman alcohol habitualmente y los que no lo toman, en lograr dejar de fumar.

Comparaciones globales

	Chi-cuadrado	gl	Sig.
Log Rank (Mantel-Cox)	7,370	1	,007

Prueba de igualdad de distribuciones de supervivencia para diferentes niveles de Consumo habitual de alcohol.

La prueba de Log Rank, indica que las diferencias entre las curvas son estadísticamente significativas con P=0,007. Recuerde que esta prueba hace una comparación global.

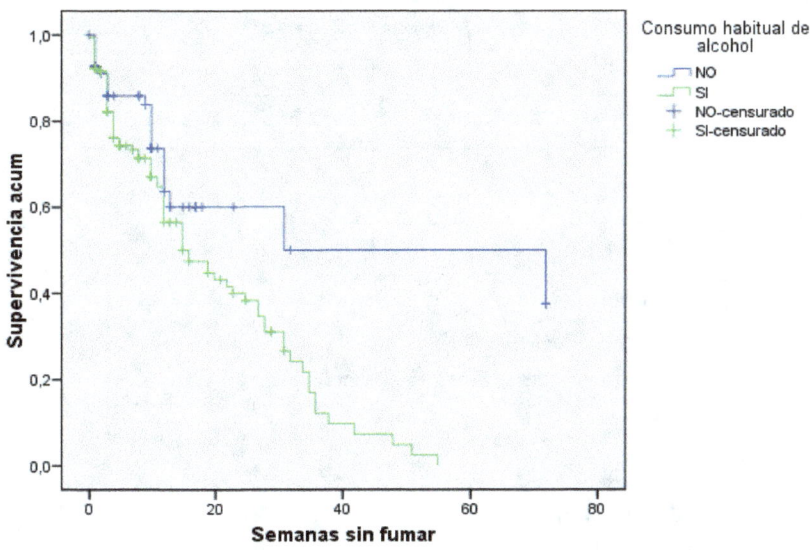

Funciones de supervivencia

En la representación gráfica se observan que hasta la semana diecisiete prácticamente no hay diferencias entre las curvas, pero a partir de ese momento las diferencias son importantes y mantenidas.

La conclusión es que hay importantes diferencias clínica y estadísticamente significativas. Los que toman alcohol tienen muchas más dificultades para dejar de fumar.

b) Comparación de curvas de supervivencia entre los dos tratamientos. Se procede de manera similar al ejemplo anterior, con la única diferencia de que el Factor, en este caso, es Tipo de tratamiento.

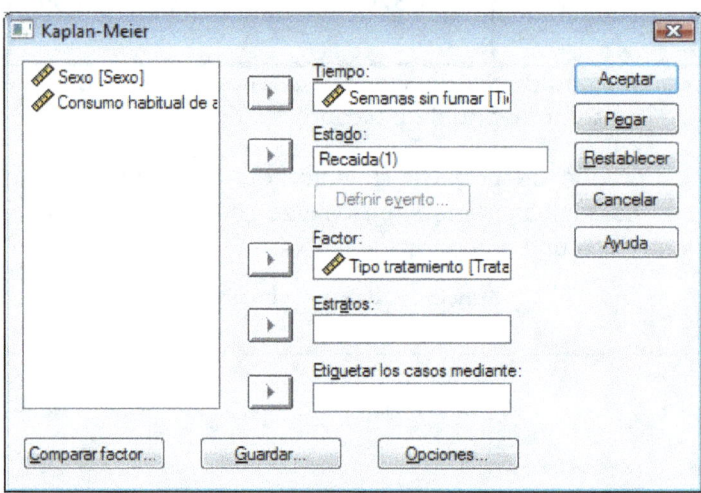

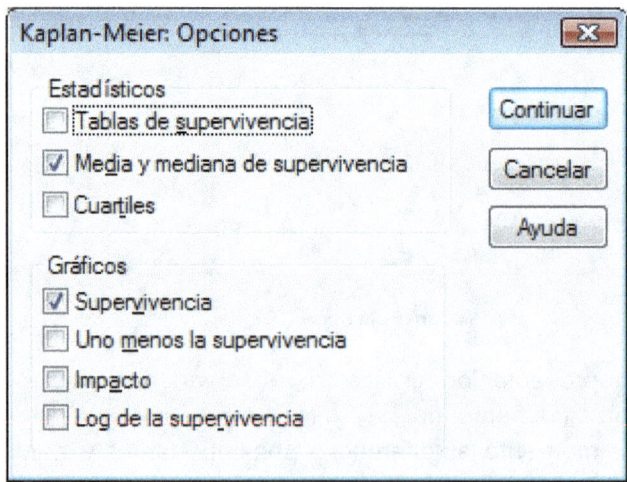

Análisis de la Supervivencia: Regresión de Cox

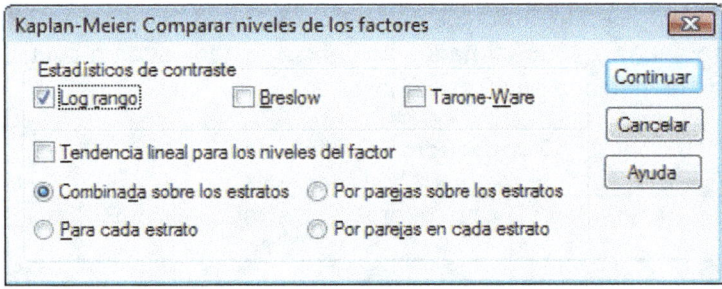

Se obtuvieron los resultados siguientes:

Resumen del procesamiento de los casos

Tipo tratamiento	Nº total	Nº de eventos	Censurado Nº	Porcentaje
Parches	121	43	78	64,5%
Spray nasal	116	60	56	48,3%
Global	237	103	134	56,5%

Medias y medianas del tiempo de supervivencia

	Media[a]				Mediana			
			Intervalo de confianza al 95%				Intervalo de confianza al 95%	
Tipo tratamiento	Estimación	Error típico	Límite inferior	Límite superior	Estimación	Error típico	Límite inferior	Límite superior
Parches	28,913	4,420	20,250	37,575	20,000	4,859	10,476	29,524
Spray nasal	22,454	2,171	18,200	26,709	16,000	4,879	6,437	25,563
Global	24,038	2,097	19,928	28,149	19,000	3,341	12,452	25,548

a. La estimación se limita al mayor tiempo de supervivencia si se ha censurado.

Observe que las diferencias entre las medias son mucho menores que en el caso anterior: los que están tratados con el parche tienen una abstinencia media de 28,9 semanas y los tratados con Spray 22,45. La media para todos los casos es de 24,038 semanas.

El 50% de los tratados con parches tienen un tiempo sin recaída de 20 semanas y 16 los tratados con el spray; teniendo en cuenta todos los datos la mediana es 19 semanas.

Comparaciones globales

	Chi-cuadrado	gl	Sig.
Log Rank (Mantel-Cox)	,244	1	,621

Prueba de igualdad de distribuciones de supervivencia para diferentes niveles de Tipo tratamiento.

Las diferencias observadas no son estadísticamente significativas.

En el gráfico siguiente se observa que las curvas de supervivencia correspondientes a los dos tratamientos son muy similares.

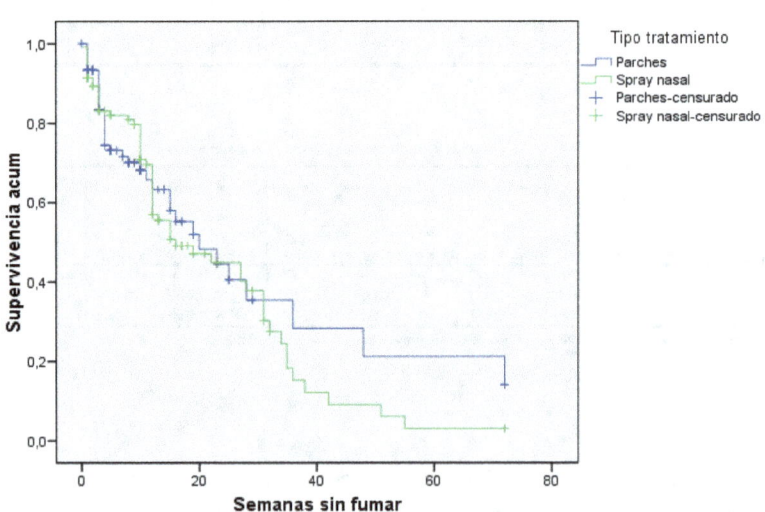

En conclusión, no se han encontrado diferencias relevantes entre los tratamientos, ni gráfica ni analíticamente.

Análisis de la Supervivencia: Regresión de Cox

c) A continuación se analiza si hay diferencias entre los tratamientos, considerando los datos de hombres y mujeres por separado.

Además de las variables seleccionadas en el caso anterior, el b, en Estratos se añade la variable sexo.

En las tres pantallas siguientes se muestra el procedimiento seguido para conseguir los datos necesarios para resolver las cuestiones planteadas.

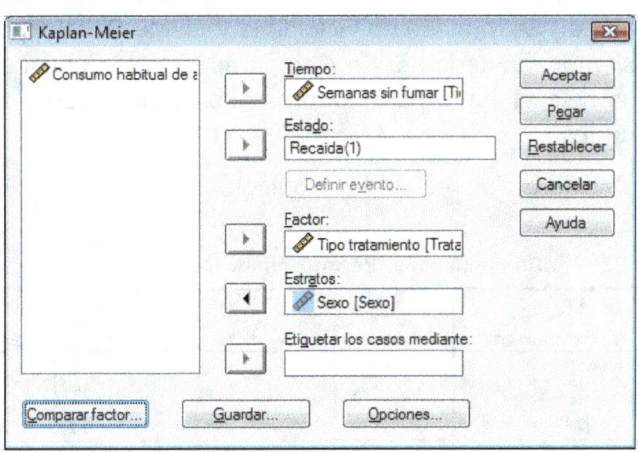

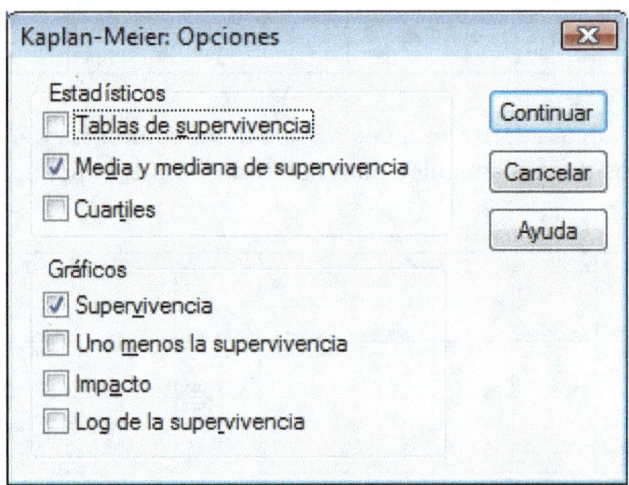

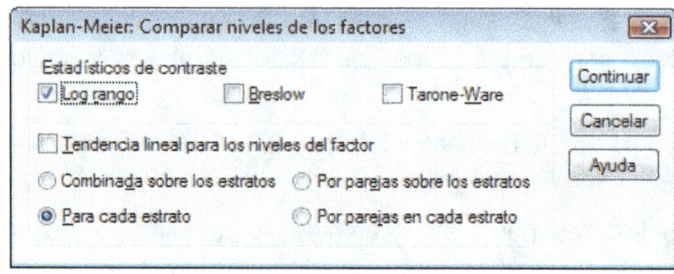

Observe que en la pantalla donde se especifican las variables que intervienen en el estudio, la única diferencia respecto al ejemplo anterior es que en Estratos se ha incluido la variable Sexo. Opciones es igual a los ejemplos anteriores. En Comparar factor, la única diferencia es que se ha seleccionado para cada estrato, en lugar de Combinada sobre los estratos.

Se obtuvieron los resultados siguientes:

Resumen del procesamiento de los casos

Sexo	Tipo tratamiento	Nº total	Nº de eventos	Censurado Nº	Porcentaje
Hombre	Parches	85	27	58	68,2%
	Spray nasal	74	38	36	48,6%
	Global	159	65	94	59,1%
Mujer	Parches	36	16	20	55,6%
	Spray nasal	42	22	20	47,6%
	Global	78	38	40	51,3%
Global	Global	237	103	134	56,5%

En la tabla anterior se muestran los datos referentes a eventos y pérdidas en los dos tratamientos para hombres y mujeres por separado.

Medias y medianas del tiempo de supervivencia

| | | Media[a] | | | | Mediana | | | |
| | | | | Intervalo de confianza al 95% | | | | Intervalo de confianza al 95% | |
Sexo	Tipo tratamiento	Estimación	Error típico	Límite inferior	Límite superior	Estimación	Error típico	Límite inferior	Límite superior
Hombre	Parches	33,213	5,601	22,234	44,192	28,000	6,016	16,209	39,791
	Spray nasal	23,910	2,785	18,451	29,368	22,000	7,726	6,857	37,143
	Global	26,716	2,734	21,357	32,075	25,000	4,660	15,867	34,133
Mujer	Parches	14,289	2,096	10,180	18,397	15,000	2,762	9,586	20,414
	Spray nasal	20,047	3,379	13,425	26,669	13,000	1,871	9,334	16,666
	Global	18,887	2,604	13,784	23,991	13,000	1,519	10,022	15,978
Global	Global	24,038	2,097	19,928	28,149	19,000	3,341	12,452	25,548

a. La estimación se limita al mayor tiempo de supervivencia si se ha censurado.

Análisis de la Supervivencia: Regresión de Cox

En la tabla anterior se muestran los datos correspondientes a las medias y medianas de abstinencia para los dos tratamientos en hombres y mujeres por separado. En hombres la media de días sin fumar es mayor si se usan parches, sin embargo en las mujeres parece que se obtienen mejores resultados con el spray nasal. Las diferencias entre los tiempos medianos son menores.

Comparaciones globales

Sexo		Chi-cuadrado	gl	Sig.
Hombre	Log Rank (Mantel-Cox)	,735	1	,391
Mujer	Log Rank (Mantel-Cox)	,227	1	,634

Prueba de igualdad de distribuciones de supervivencia para diferentes niveles de Tipo tratamiento.

En la tabla anterior se muestran los resultados correspondientes a la prueba de log Rank, en la que se comparan los dos tratamientos en hombres y mujeres por separado. Las diferencias no son estadísticamente significativas.

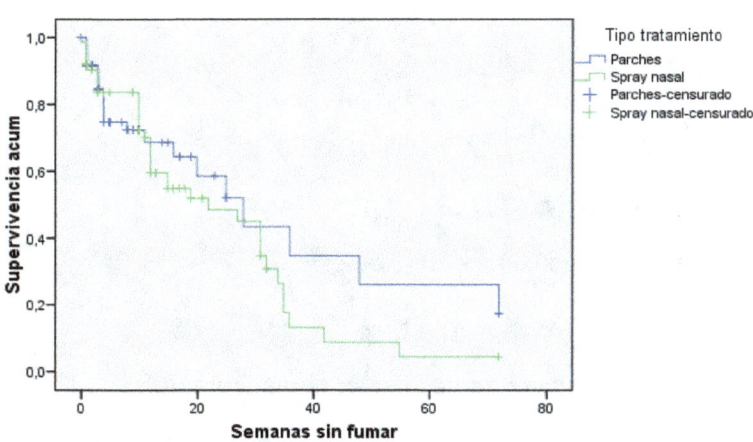

Las diferencias en la evolución del tiempo de abstinencia son muy parecidas en los dos tratamientos tanto en hombres (gráfico anterior) como en mujeres (gráfico siguiente).

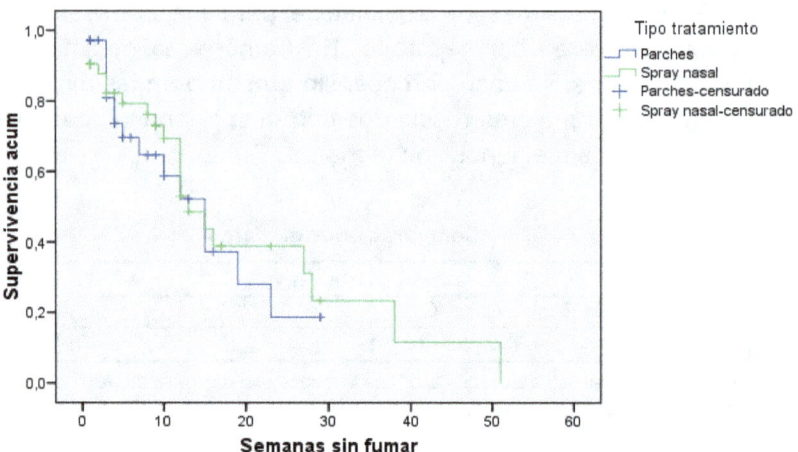

En los gráficos anteriores se observa que las diferencias entre las curvas de supervivencia entre los tratamientos son similares en hombres y mujeres. Por lo tanto se puede concluir que en el estudio no se han observado diferencias clínicas ni estadísticas ni gráficas que puedan considerarse significativas, entre utilizar parches o spray nasal.

Capítulo 4:

Ejercicio 4.1.-

a) El modelo es el siguiente:

$$h(t; x_1, x_2) = h_0(t)\, e^{0{,}52\, x_1 + 0{,}015\, x_2}$$

b) El cociente de riesgos es el siguiente:

$$\frac{h(t;\, x_1 = 1, x_2 = 250)}{h(t;\, x_1 = 0, x_2 = 200)} = \frac{e^{0{,}52\cdot(1)+\, 0{,}015\cdot(250)}}{e^{0{,}52\cdot 0 +\, 0{,}015\cdot(200)}} = 3{,}56$$

En el modelo anterior, por motivos didácticos se ha incluido el cero y el 1 en la ecuación. Un fumador que tenga cincuenta mg por 100 ml más de colesterol que un no fumador, tiene un riesgo instantáneo, HR, de morir 3,56 veces mayor. Observe que para facilitar la comprensión se ha puesto uno de los muchos casos que cumplen las condiciones del ejercicio: 250 y 200 mg de colesterol. El resultado es el mismo para cualquier concentración de colesterol que difieran en 50mg, según las condiciones del ejercicio.

Ejercicio 4.2.-

Las hipótesis que contrastar son:

H_0 $B_1 = B_2 = B_3 = 0$ $\qquad$ $\alpha=0,05$

H_1 $B_i \neq 0$ $\quad$ para algún i

$$\Delta_{-2LLo} = (-2LLo_{Inicial}) - (-2LLo_{Final}) = 53,47 - 37,21 = 16,26$$

Consultando la tabla de la distribución Chi-cuadrado en los valores correspondientes a dos grados de libertad, P<0,001, por lo tanto, al menos una de las variables contribuye significativamente al modelo, es decir, su coeficiente es distinto de cero.

Ejercicio 4.3.-

Para resolver el ejercicio se seleccionan las variables que van a intervenir según la pantalla siguiente:

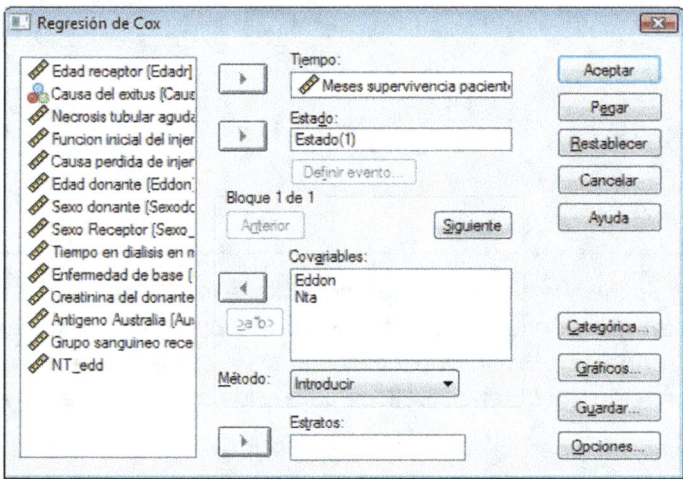

En la pantalla anterior se muestran las variables que intervienen en la estimación del modelo.

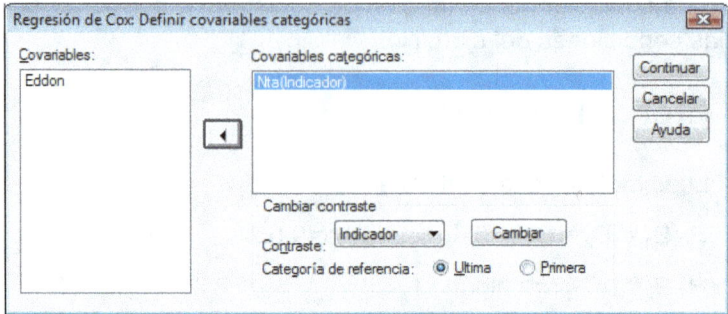

Pulsando en la "tecla" categórica se obtiene la pantalla anterior en la que se ha seleccionado la variable Nta como categórica. Aunque una variable no se declare como categórica el modelo es el mismo, pero haciéndolo de esta manera las funciones se estiman para todos los datos y para cada categoría por separado.

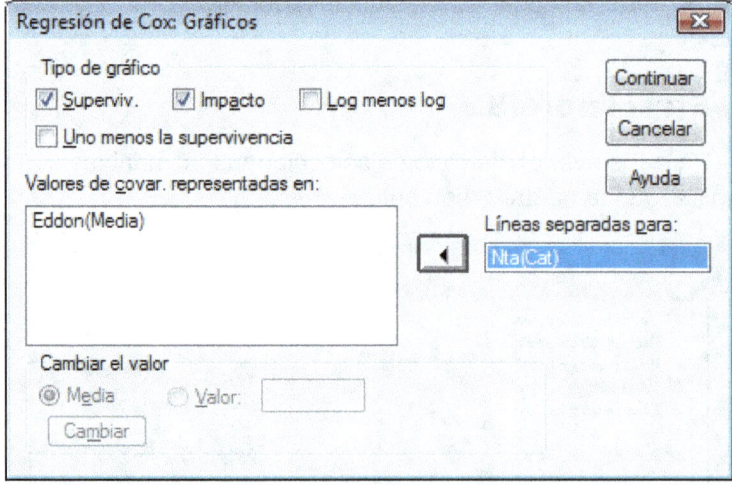

Pulsando la tecla gráficos se obtiene la pantalla anterior en la que se han seleccionado los gráficos correspondientes a supervivencia y riesgo (Impacto). En líneas separadas se ha seleccionado la variable Nta, lo cual permite obtener gráficos para cada categoría de la variable.

En Opciones se ha seleccionado intervalos de confianza para e^{β_i}. Los resultados son los siguientes:

Análisis de la Supervivencia: Regresión de Cox

Resumen del proceso de casos

		N	Porcentaje
Casos disponibles en el análisis	Evento[a]	211	15,4%
	Censurado	1085	79,0%
	Total	1296	94,4%
Casos excluidos	Casos con valores perdidos	77	5,6%
	Casos con tiempo negativo	0	,0%
	Casos censurados antes del evento más temprano en un estrato	0	,0%
	Total	77	5,6%
Total		1373	100,0%

a. Variable dependiente: Meses supervivencia paciente

En la tabla anterior se muestra un resumen de los casos censurados, censados; eventos observados y casos perdidos.

Codificaciones de variables categóricas(b)

		Frecuencia	(1)
Nta	1=Si	441	1
	2=No	855	0

a Codificación de parámetros de indicador

b Variable de categoría: Nta (Necrosis tubular aguda)

En la columna encabezada por (1), se muestran los valores asignados a las categorías de la variable para construir el modelo, el valor 1 a Si y el 0 a No. Observe que para calcular riesgos debe utilizar estos valores y no los codificados en el fichero.

Pruebas omnibus sobre los coeficientes del modelo

-2 log de la verosimilitud
2705,653

En la tabla anterior se muestra el valor de -2LL$_{0\_Inicial}$ que es 2705,653.

Pruebas omnibus sobre los coeficientes del modelo^{a,b}

-2 log de la verosimilitud	Global (puntuación)			Cambio desde el paso anterior			Cambio desde el bloque anterior		
	Chi-cuadrado	gl	Sig.	Chi-cuadrado	gl	Sig.	Chi-cuadrado	gl	Sig.
2690,818	15,236	2	,000	14,835	2	,001	14,835	2	,001

a. Bloque inicial número 0, función log de la verosimilitud inicial: -2 log de la verosimilitud: 2705,653
b. Bloque inicial número 1. Método = Introducir

En la tabla anterior se muestra el valor de -2LL$_{0\_final}$ que es 2690,818.

También muestra Δ_{LL_0} :

$$\Delta_{-2LLo} = (-2LLo_{Inicial}) - (-2LLo_{Final}) = 2705{,}653 - 2690{,}818 = 14{,}835$$

La diferencia es significativa con P=0,001, por lo tanto al menos una de las variables contribuye significativamente al modelo.

Variables en la ecuación

	B	ET	Wald	gl	Sig.	Exp(B)	95,0% IC para Exp(B)	
							Inferior	Superior
Eddon	,012	,004	7,747	1	,005	1,012	1,004	1,021
Nta	,349	,142	6,061	1	,014	1,418	1,074	1,873

a) En la tabla anterior se muestran los coeficientes beta y sus significaciones estadísticas calculadas mediante la prueba de Wald. β_1 es el coeficiente de regresión de Cox correspondiente a la variable Eddon, su valor es 0,012, con una significación estadística P=0,004 y β_2 el correspondiente a Nta, su valor es 0,349 y es estadísticamente significativo con P=0,014. El modelo de Cox estimado es el siguiente:

$$h(t; x_1, x_2) = h_0(t)\, e^{-0{,}012\, x_1 + 0{,}349\, x_2}$$

Medias de las covariables y valores de los patrones

	Media	Patrón 2	Patrón 1
Eddon	37,899	37,899	37,899
Nta	,340	1,000	,000

En la tabla anterior se muestran las medias para las variables.

En los gráficos se expresan las funciones de supervivencia y de riesgo para todos los casos y para las categorías de Nta por separado.

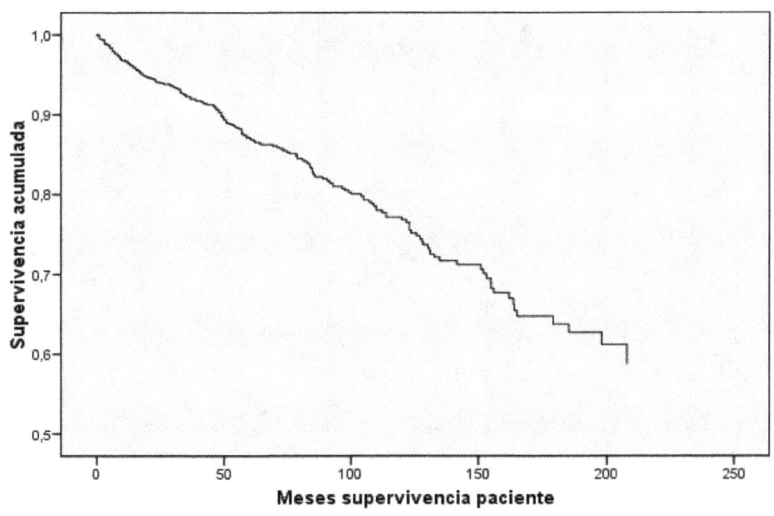

Función de supervivencia en media de covariables

Función de supervivencia para modelos 1 - 2

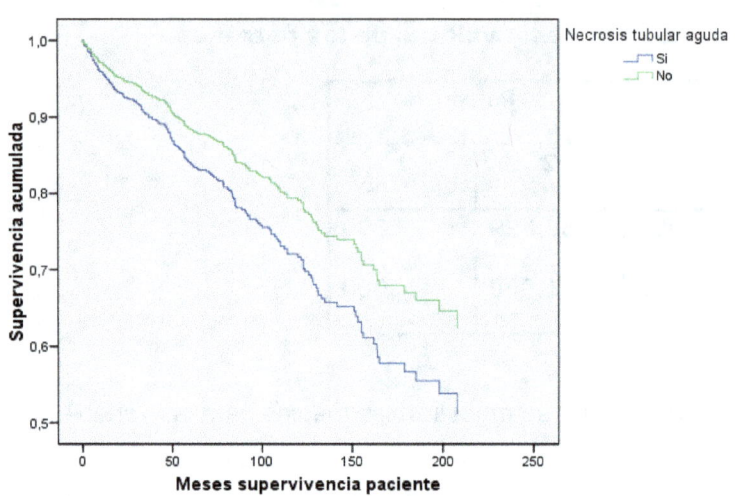

Función de impacto en media de covariables

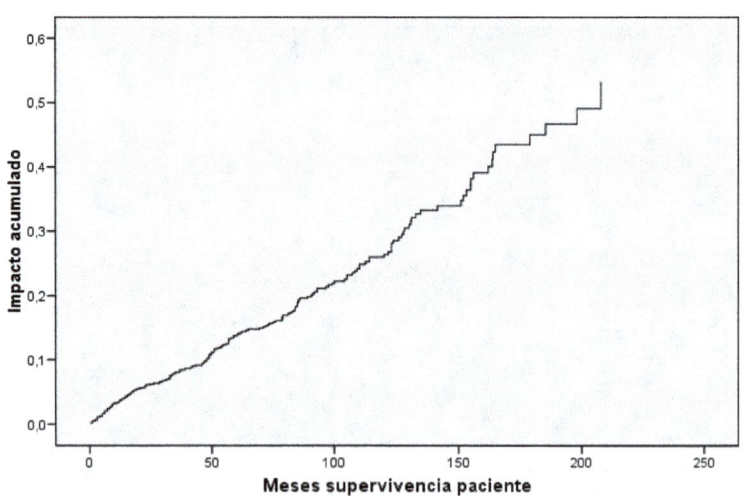

Análisis de la Supervivencia: Regresión de Cox

Función de impacto para modelos 1 - 2

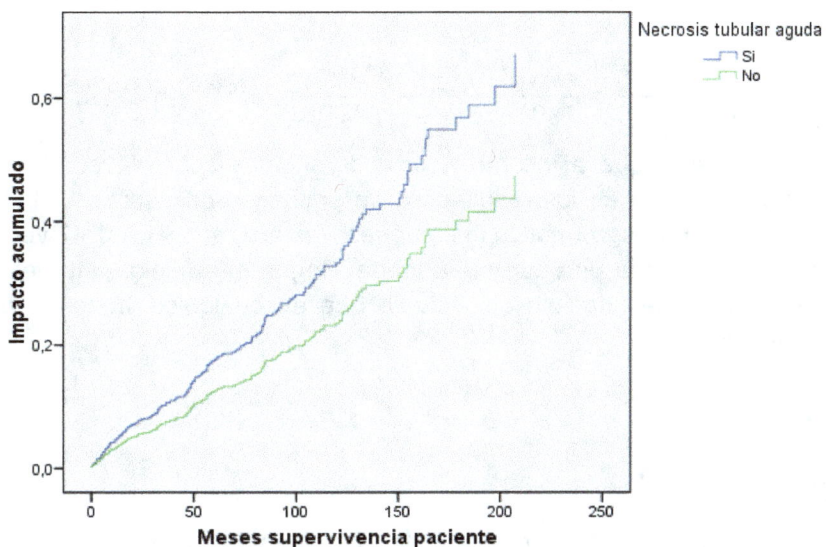

b) Como las dos variables entran en el modelo se estudia la interacción, para ello hay que crear una variable derivada, NT_edd que es el producto de las dos. Una vez creada se estima un nuevo modelo de regresión de Cox en el que se evalúan las tres covariables.

Variables en la ecuación

	B	ET	Wald	gl	Sig.	Exp(B)	95,0% IC para Exp(B)	
							Inferior	Superior
Eddon	,026	,014	3,345	1	,067	1,027	,998	1,056
Nta	,002	,364	,000	1	,995	1,002	,491	2,047
NT_edd	-,009	,009	1,082	1	,298	,991	,975	1,008

Observe que ninguno de los tres coeficientes de regresión de Cox es significativo, esto es debido a la colinealidad, por eso se observa un efecto paradójico, Δ_{LL_0} es significativo pero no los coeficientes de los beta. Recuerde que cuando se estudia un modelo con interacción, se tiene en cuenta si los coeficientes de las dos variables son estadísticamente significativos y, además, el de la variable producto, si no, como en este caso, se concluye que no hay interacción y el modelo válido es el expresado anteriormente, en el apartado a).

C) En el modelo se da el valor 1 para Si y 0 para no, recuerde que no se usan los valores de las categorías que hay en el fichero, hay que poner los asignados por SPSS al haber declarado la variable como categórica. Si no se hubiera declarado como categórica se darían los valores originales.

$$\frac{h(t;x_1;x_2=1)}{h(t;x_1;x_2=0)} = \frac{h_0(t)\, e^{\,0,021\, x_1}\, e^{\,(0,349)}}{h_0(t)\, e^{\,0,021\, x_1}\, e^{\,0\cdot(0,349)}} = e^{0,349} = 1{,}42.$$

Observe que al no hacer consideraciones sobre la edad esta variable no influye en los resultados. Un paciente con necrosis tubular aguda tiene un riesgo relativo instantáneo, *hazard ratio*, HR, 1,42 veces mayor de morir que uno que no la tenga. Según el modelo, este riesgo debe ser igual al principio del estudio que en cualquier momento del seguimiento.

Capítulo 5:

Ejercicio 5.1.-

En la pantalla siguiente se muestran las variables que intervienen en el modelo:

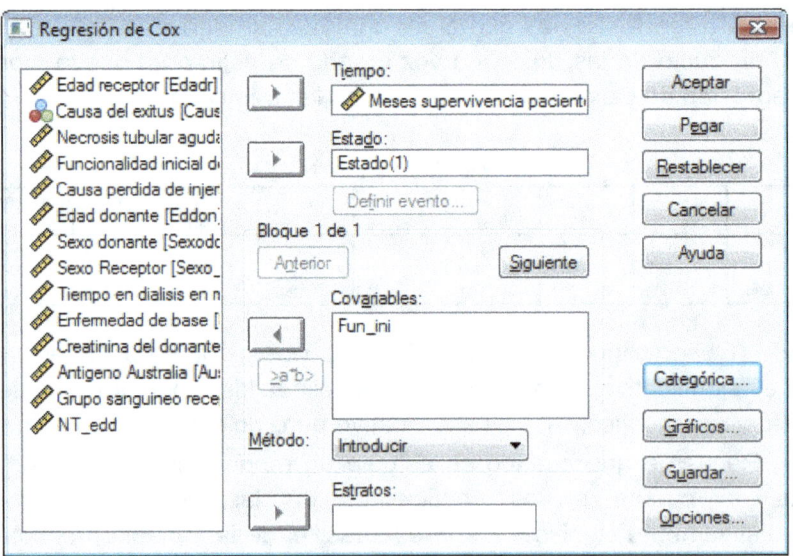

La variable Fun_ini se define como categórica:

Análisis de la Supervivencia: Regresión de Cox

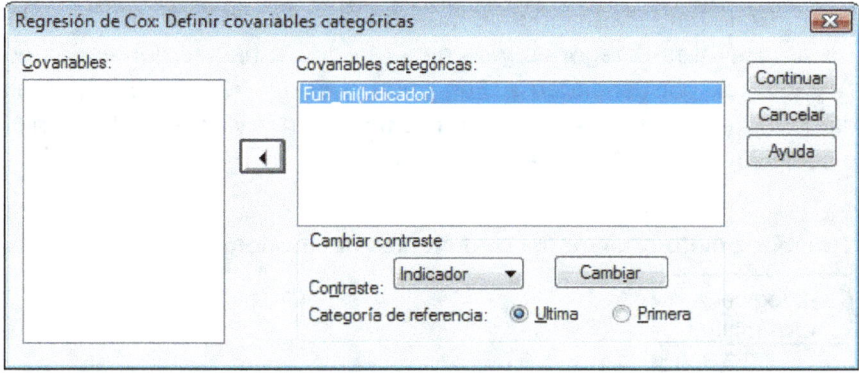

Se obtienen los resultados siguientes:

Resumen del proceso de casos

		N	Porcentaje
Casos disponibles en el análisis	Evento[a]	214	15,6%
	Censurado	1148	83,6%
	Total	1362	99,2%
Casos excluidos	Casos con valores perdidos	11	,8%
	Casos con tiempo negativo	0	,0%
	Casos censurados antes del evento más temprano en un estrato	0	,0%
	Total	11	,8%
Total		1373	100,0%

a. Variable dependiente: Meses supervivencia paciente

Codificaciones de variables categóricas[b]

		Frecuencia	(1)	(2)
Fun_ini[a]	1=Si	839	1	0
	2=Diferida	458	0	1
	3=No	65	0	0

a. Codificación de parámetros de indicador

b. Variable de categoría: Fun_ini (Funcionalidad inicial del injerto)

En la pantalla anterior se muestra la codificación de las variables ficticias. Hay tres categorías y se generan dos variables denotadas por (1) y (2) que corresponden a Fun_ini(1) y Fun_ini(2). Para la primera categoría 1, Si, estas variables se codifican con 1 y 0; para 2, Diferido, se codifican con 0 y 1 y para 3, No, con 0, 0.

Pruebas omnibus sobre los coeficientes del modelo

-2 log de la verosimilitud
2753,809

Pruebas omnibus sobre los coeficientes del modelo[a,b]

-2 log de la verosimilitud	Global (puntuación)			Cambio desde el paso anterior			Cambio desde el bloque anterior		
	Chi-cuadrado	gl	Sig.	Chi-cuadrado	gl	Sig.	Chi-cuadrado	gl	Sig.
2746,193	9,151	2	,010	7,616	2	,022	7,616	2	,022

a. Bloque inicial número 0, función log de la verosimilitud inicial: -2 log de la verosimilitud: 2753,809
b. Bloque inicial número 1. Método = Introducir

Variables en la ecuación

	B	ET	Wald	gl	Sig.	Exp(B)
Fun_ini			8,639	2	,013	
Nombre de variable Fun_ini(1)	-1,222	,538	5,154	1	,023	,295
Nombre de variable Fun_ini(2)	-,924	,541	2,914	1	,088	,397

El modelo es estadísticamente significativo y el de la variable Fun_ini global y Fun_ini(1) también, aunque la significación correspondiente a Fun_ini(2) es mayor de 0,05, se puede incluir en el modelo. Es frecuente considerar en el modelo las variables Dummy si la significación no es mayor que 0,1.

Medias de las covariables

	Media
Fun_ini(1)	,616
Fun_ini(2)	,336

a) El modelo de regresión de Cox es el siguiente:

$$h(t;\ edad,\ F_1) = h_0(t)\ e^{-1{,}22\ Fun\_ini(1) - 0{,}924\ Fun\_ini(2)}$$

b) Los riesgos relativos instantáneos, HR, se pueden calcular de tres maneras distintas:

I) Entre Fun_ini, No y Fun_ini, Si;

II) Entre Fun_ini, No y Fun_ini, Diferido

III) Entre Fun_ini, Diferido y Fun_ini, Si.

I) Dando valores a las variables según la codificación comentada anteriormente el cociente de riesgos es el siguiente:

$$\frac{h\big(t;\ Fun_{ini(1)} = 0, Fun_{ini(2)} = 0\big)}{h\big(t;\ Fun_{ini(1)} = 1,\ Fun_{ini(2)} = 0\big)} =$$

$$\frac{e^{-1{,}222\cdot(0)-\ 0{,}924\cdot(0)}}{e^{-1{,}222\cdot(1)-\ 0{,}924\cdot(0)}} = 3{,}39$$

Observe que se han dado los valores correspondientes a Fun_ini, 3, No y Fun_ini, 1, Si, codificados por SPSS.

El riesgo relativo instantáneo de muerte, *hazard ratio*, es 3,39 mayor si el injerto no funciona inicialmente, respecto a que si lo es.

II) Dando valores a las variables según la codificación comentada anteriormente el cociente de riesgos es el siguiente:

$$\frac{h\big(t;\ Fun_{ini(1)} = 0, Fun_{ini(2)} = 0\big)}{h\big(t;\ Fun_{ini(1)} = 0,\ Fun_{ini(2)} = 1\big)} =$$

$$\frac{e^{-1{,}222\cdot(0)-\ 0{,}924\cdot(0)}}{e^{-1{,}222\cdot(0)-\ 0{,}924\cdot(1)}} = 2{,}52$$

Observe que se han dado los valores correspondientes a Fun_ini, 3, No y Fun_ini, 2, Diferido, codificados por SPSS.

El riesgo instantáneo, hazard ratio, es 2,52 veces mayor si el injerto no es funcionante que si lo es diferidamente.

III) Dando valores a las variables según la codificación comentada anteriormente el cociente de riesgos es el siguiente:

$$\frac{h(t;\ \text{Fun}_{\text{ini}(1)} = 0, \text{Fun}_{\text{ini}(2)} = 1)}{h(t;\ \text{Fun}_{\text{ini}(1)} = 1,\ \text{Fun}_{\text{ini}(2)} = 0)} =$$

$$\frac{e^{-1{,}222\,\cdot\,(0)-\,0{,}924\,\cdot\,(1)}}{e^{-1{,}222\,\cdot(1)\,-\,0{,}924\,\cdot\,(0)}} = 1{,}35$$

Observe que se han dado los valores correspondientes a Fun_ini 2, Diferido y Fun_ini 1, Si.

El riesgo relativo instantáneo, hazard ratio, es 1,35 veces mayor si el injerto funciona diferidamente que si funciona inicialmente.

Ejercicio 5.2.-

En la pantalla siguiente se muestran las variables que intervienen en el modelo.

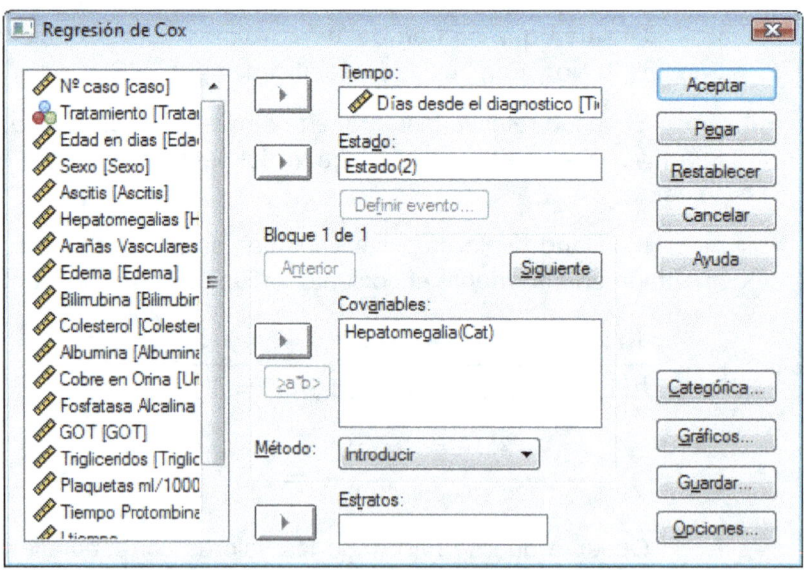

Análisis de la Supervivencia: Regresión de Cox

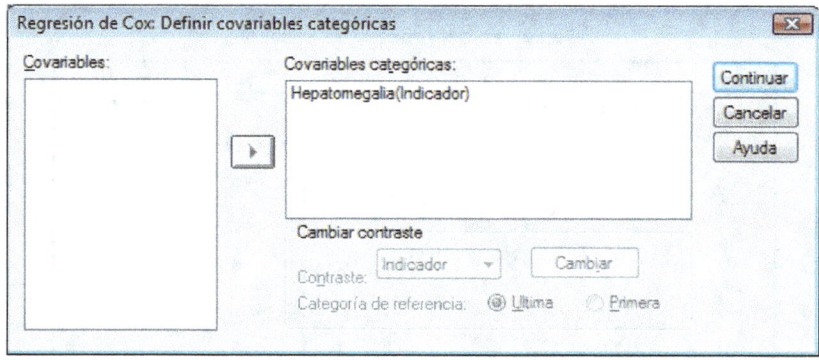

En la pantalla anterior se ha seleccionado la variable Hepatomegalia como categórica. En la siguiente se selecciona el gráfico de la transformada logarítmica; observe que se ha seleccionado en líneas separadas para: la variable Hepatomegalía, esto permite obtener en el mismo gráfico la representación separada para las dos categorías de la variable.

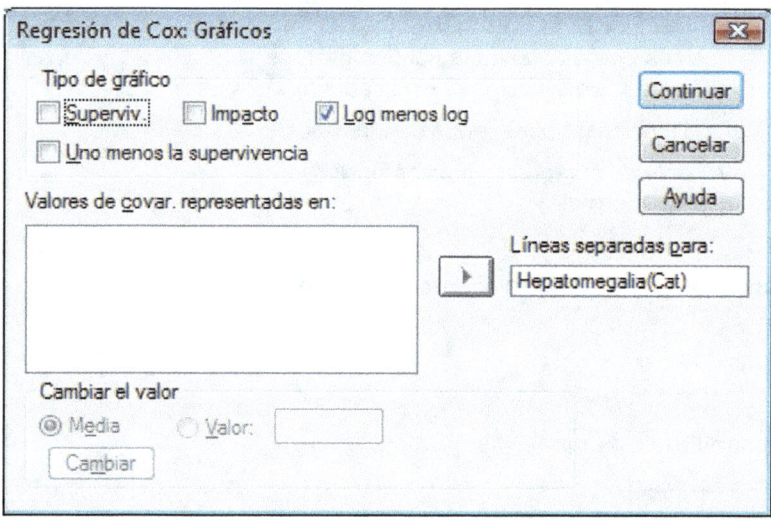

Resumen del proceso de casos

		N	Porcentaje
Casos disponibles en el análisis	Evento[a]	125	30,9%
	Censurado	187	46,2%
	Total	312	77,0%
Casos excluidos	Casos con valores perdidos	93	23,0%
	Casos con tiempo negativo	0	,0%
	Casos censurados antes del evento más temprano en un estrato	0	,0%
	Total	93	23,0%
Total		405	100,0%

a. Variable dependiente: Días desde el diagnostico

Codificaciones de variables categóricas

		Frecuencia	(1)[a]
Hepatomegalia [b]	,0=No	152	1
	1,0=Sí	160	0

a. Se ha recodificado la variable (0,1), de manera que sus coeficientes no serán los mismos que para la codificación del indicador (0,1).

b. Codificación de parámetros de indicador

c. Variable de categoría: Hepatomegalia (Hepatomegalias)

Pruebas omnibus sobre los coeficientes del modelo

-2 log de la verosimilitud
1279,960

Pruebas omnibus sobre los coeficientes del modelo(a,b)

Pruebas omnibus sobre los coeficientes del modelo[a,b]

-2 log de la verosimilitud	Global (puntuación)			Cambio desde el paso anterior			Cambio desde el bloque anterior		
	Chi-cuadrado	gl	Sig.	Chi-cuadrado	gl	Sig.	Chi-cuadrado	gl	Sig.
1239,859	40,176	1	,000	40,100	1	,000	40,100	1	,000

a. Bloque inicial número 0, función log de la verosimilitud inicial: -2 log de la verosimilitud: 1279,960
b. Bloque inicial número 1. Método = Introducir

Variables en la ecuación

	B	ET	Wald	gl	Sig.	Exp(B)
Hepatomegalia	-1,186	,198	36,010	1	,000	,305

Medias de las covariables y valores de los patrones

	Media	Patrón	
		1	2
Hepatomegalia	,487	1,000	,000

a) El modelo es estadísticamente significativo, $-\Delta LL_0$ es igual a 40,1 y con P < 0,001, observe que aunque SPSS da el valor 0,000, la probabilidad nunca es cero. Se puede obtener el valor exacto, pero es suficiente con indicar P<0,001, para afirmar que es muy poco probable que los resultados obtenidos sean debidos al azar, por lo tanto se rechaza la hipótesis nula y se concluye que el coeficiente de la variable Beta es -1,186, con error estándar 0,198.

El modelo matemático es el siguiente:

$$h(t; T_1) = h_0(t)\, e^{-1,186\, Hepatomegalia}$$

b) La tasa de riesgo, el riesgo relativo instantáneo es el cociente entre los modelos para hepatomegalia No y Si:

$$\frac{h(t; Hepatomegalia = 0)}{h(t; Hepatomegalia = 1)} =$$

$$\frac{h_0(t) e^{-1,186\,(0)}}{h_0(t)\, e^{-1,186\,(1)}} = \frac{1}{e^{-1,186}} = 3,27$$

El riesgo relativo instantáneo, hazard ratio, de morir es 3,27, veces mayor si el paciente tiene hepatomegalia que si no la tiene. Observe que se ha utilizado la codificación de las categorías realizada por SPSS.

c) La comprobación gráfica se puede hacer con las covariables categóricas, como en este caso. Si las curvas de supervivencia son paralelas es un buen indicio del cumplimiento de las asunciones del modelo.

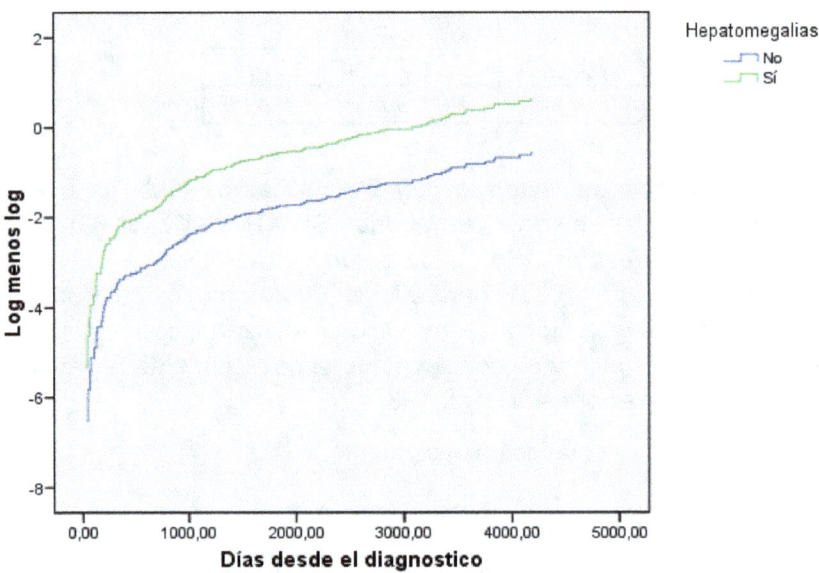

Función LML para modelos 1 - 2

Esto se observa mejor si se representa en función del logaritmo del tiempo. En la gráfica siguiente se representan las mismas variables que en la anterior, pero en lugar del tiempo en días el eje de abscisas es el logaritmo del tiempo; en este caso hay que considerar como variable temporal el logaritmo del tiempo. Las dos curvas son paralelas.

Función LML para modelos 1 - 2

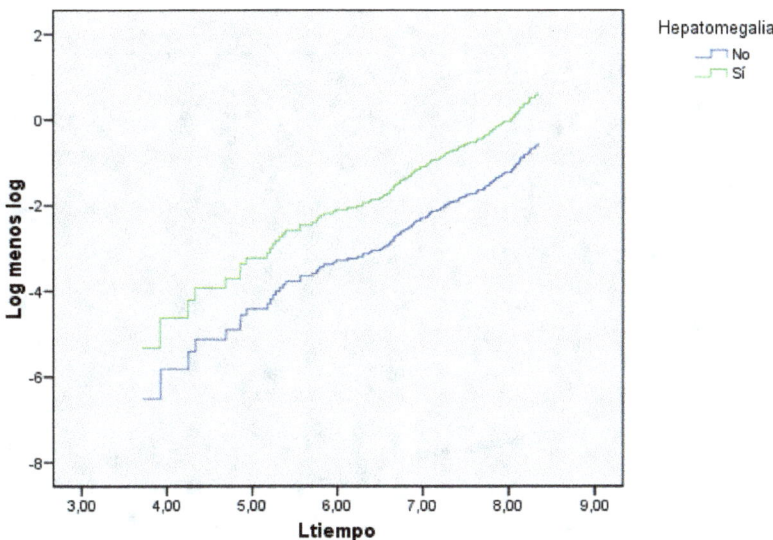

d) Se selecciona en Guardar residuos parciales, que son los residuos de Schoenfeld.

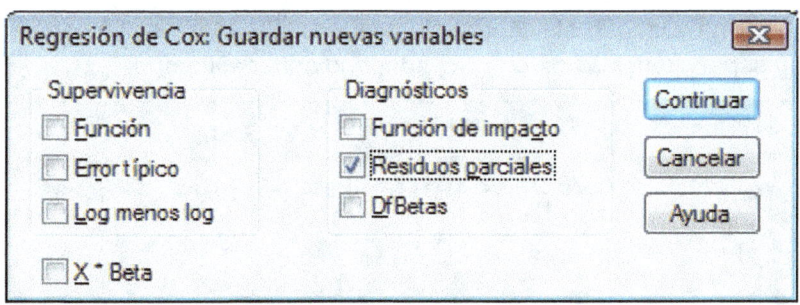

En el fichero de datos aparece una nueva variable PR1_1, contiene los datos de los residuos solicitados. Utilizando el generador de gráficos de SPSS se obtiene un diagrama de puntos de los residuos en función del tiempo, observe que si se cumplen las asunciones las líneas deben ser paralelas al tiempo, como ocurre en este caso, tampoco se observan anormalidades ni asimetrías relevantes.

Residuos de Schoenfeld en relación al tiempo de supervivencia

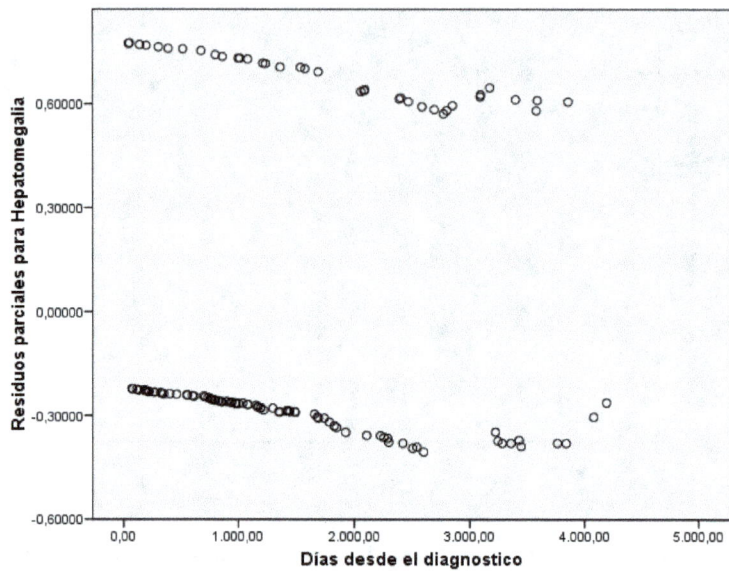

Ejercicio 5.3.-

Una vez que el fichero está activo en SPSS, se selecciona en el menú supervivencia, Cox con Cov. dependiente del tiempo:

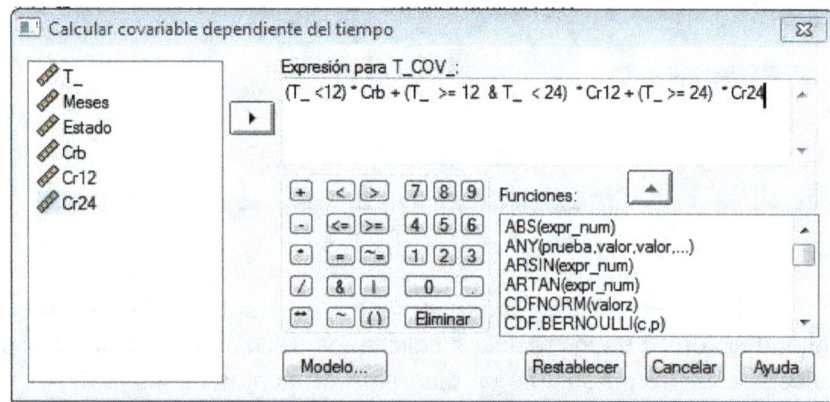

Observe que se ha definido una fórmula matemática en la que hay expresiones lógicas que figuran entre paréntesis. Éstas toman el valor 1, si son ciertas y el 0, si no lo son. Si el tiempo de seguimiento es inferior a 12 meses, solo se tendrá en cuenta el primer sumando, porque es el único verdadero; para un tiempo mayor de 12 meses e inferior a 24, el segundo y para más de 24 meses, el tercero.

A continuación se definen las variables en el modelo de Cox:

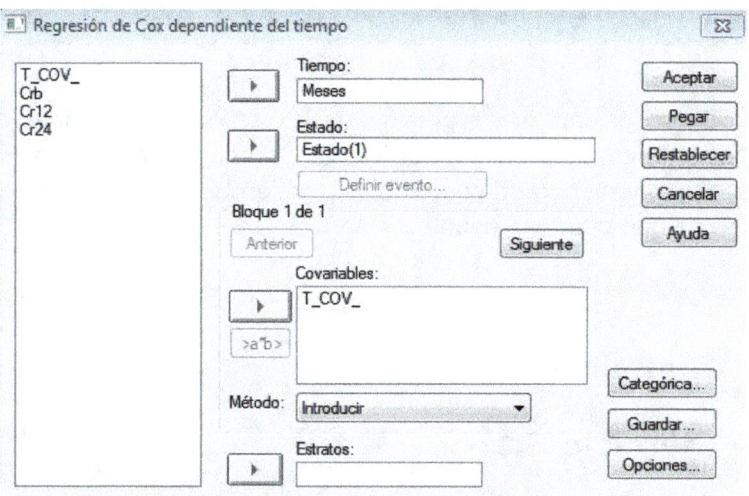

Los resultados de interés obtenidos son los siguientes:

Pruebas omnibus sobre los coeficientes del modelo

-2 log de la verosimilitud
5424,573

Pruebas omnibus sobre los coeficientes del modelo[a,b]

-2 log de la verosimilitud	Global (puntuación)			Cambio desde el paso anterior			Cambio desde el bloque anterior		
	Chi-cuadrado	gl	Sig.	Chi-cuadrado	gl	Sig.	Chi-cuadrado	gl	Sig.
5424,341	,232	1	,630	,232	1	,630	,232	1	,630

a. Bloque inicial número 0, función log de la verosimilitud inicial: -2 log de la verosimilitud: 5424,573

b. Bloque inicial número 1. Método = Introducir

Variables en la ecuación

	B	ET	Wald	gl	Sig.	Exp(B)
T_COV_	-,152	,314	,232	1	,630	,859

El coeficiente de regresión de Cox de la covariable no es estadísticamente significativo, por lo tanto, se concluye que los niveles de creatinina, teniendo en cuenta su evolución temporal, no influyen en el riesgo de que ocurra el evento.

Capítulo 6:

Ejercicio 6.1.-

a) Tres años después de la aleatorización la supervivencia en los pacientes tratados con la terapia A, S_A, es 0,908 y en el grupo B, S_B, 0,816. Consecuentemente los riesgos de fallecer son los siguientes:

R_A = 1-0,908 = 0,092; R_B = 1-0,816 = 0,184

RAR = R_B − R_A = 0,184 − 0,092; RAR = 0,092

A los tres años de comenzado el estudio, los pacientes tratados con la terapia A tienen una mortalidad un 9,2% menor que los tratados con la terapia B.

$RR_{B/A}$ = 0,184/0,0902 = 2. Observe que el riesgo relativo es un cociente entre dos riesgos y hay que definirlos; también sería un riesgo relativo el inverso del anterior. Los pacientes tratados con la terapia B tienen un riesgo de morir, antes de los tres años del comienzo del estudio, el doble que los del otro grupo.

RRR = RAR / R_B = 0,092/0,184; RRR = 0,5. El denominador es el riesgo mayor, porque se quiere determinar la disminución que se consigue al tratar a los pacientes con la terapia cuyos pacientes tienen un riesgo menor, en este caso la A. Los pacientes tratados con la terapia A tienen una mortalidad un 50% menor que los tratados con la terapia B. Recuerde lo que se comentó en los capítulos 4 y 6 acerca del riesgo: para enjuiciar el riesgo hay que tener una visión de conjunto completa y las medidas relativas, por si solas, pueden ser engañosas.

b) Cuatro años después de la aleatorización la supervivencia en los pacientes tratados con la terapia A, S_A, es 0,896 y en el grupo B, S_B, 0,740. Consecuentemente los riesgos de fallecer son los siguientes:

R_A = 1-0,896 = 0,104; R_B = 1-0,740 = 0,260

RAR = $R_B - R_A$ = 0,260 – 0,104; RAR = 0,156

A los cuatro años de comenzado el estudio, los pacientes tratados con la terapia A tienen una mortalidad un 15,6% menor que los tratados con la terapia B.

$RR_{B/A}$ = 0,260/0,104 = 2,5. En este caso los pacientes tratados con la terapia B tienen un riesgo de morir antes de los cuatro años del comienzo del estudio 2,5 veces mayor que los del otro grupo.

RRR = RAR / R_B = 0,156/0,260; RRR = 0,6. Los pacientes tratados con la terapia A tienen una mortalidad un 60% menor que los tratados con la terapia B.

c) RAR = $R_B - R_A$, la diferencia de riesgos es igual a la diferencia de supervivencias en valor absoluto:

R_A = 1-S_A ; R_B = 1-S_B; por lo tanto: RAR = (1-S_B)- (1-S_A)

RAR = S_A - S_B; observe que si la diferencia de riesgos es positiva la de supervivencias es negativa. A mayor supervivencia menor riesgo.

Las líneas que en la gráfica unen los puntos de supervivencia correspondientes a los tres y a los cuatro años, representan las diferencias en supervivencia y, consecuentemente, la reducción absoluta del riesgo RAR.

d) A los tres años de comenzado el estudio el número necesario de pacientes a tratar con la terapia A para evitar un evento, es decir, un fallecimiento es: NNT = 1/0,092 = 10,8 aproximando a 11. Por cada 11 pacientes tratados con la terapia A se evita un fallecimiento respecto a si hubieran sido tratados con la terapia B. Evidentemente hay que tener en cuenta otras consideraciones como efectos secundarios y coste, pero las ventajas en supervivencia son muy importantes.

A los cuatros años de tratamiento: NNT = 1/0,156 = 6,4.

Las ventajas han aumentado, a los cuatro años de tratamiento por cada 6,4 pacientes tratados con la terapia A se evita un fallecimiento, respecto a si hubieran sido tratados con la terapia B.

La diferencia de riesgos, RAR y, consecuentemente, NNT suelen variar en función del tiempo, por eso es importante analizar la evolución de estos importantes parámetros.

Ejercicio 6.2.-

a) El modelo matemático de Cox para una variable es:

$$h(t;x) = h_0(t)\, e^{\beta x}; \quad h(t;x) = h_0(t)\, e^{0,66x}$$

La variable x define las terapias toma el valor 0 para la terapia A y 1 para la B.

Para los pacientes tratados con la terapia A, x=0:

$h(t;x) = h_0(t)\, e^0$; consecuentemente $h(t;x) = h_0(t)$

Para los pacientes tratados con la terapia B, x=1:

$h(t;x) = h_0(t)\, e^{0,66}$; consecuentemente:

$h(t;x) = h_0(t) \cdot 1{,}93$

El riesgo relativo instantáneo, hazard ratio, HR, entre los tratados con la terapia B, respecto a los tratados con La A, es el cociente entre las dos funciones de riesgo.

$$HR = \frac{h_0(t)\, e^{0,66}}{h_0(t)}$$

Para todo instante el riesgo de morir en t+Δt, habiendo llegado vivo a t, en el grupo B es 1,93 veces mayor que en el grupo A.

b) En primer lugar se calculan las supervivencias:

$$S(t;x) = S_0(t)^y\, ;$$

Para el grupo A, $S_{3años}(t;x=0) = 0{,}81$

Para el grupo B, $S_{3\ años}(t;x=1) = 0{,}81^{1,93} = 0{,}67$

A los tres años la supervivencia en el grupo A es 0,81 y 0,67 en el grupo B.

A partir de las supervivencias se calculan los riesgos de haber fallecido a los tres años desde el comienzo del estudio:

R_A= 1-0,81; R_A =0,19

R_B= 1-0,67; R_B =0,33

RAR = 0,33 – 0,19; RAR = 0,14

El riesgo de morir en los tres primeros años de seguimiento en los pacientes tratados con la terapia B es un 14% mayor que los que siguen el tratamiento A.

El riesgo relativo a los tres años es: $RR_{B/A}$ =2,36.

Es 2,36 veces más probable que en los tres primeros años de seguimiento fallezca un paciente tratado con la terapia B que con la terapia A.

RRR = RAR / R_B; RRR = 0,14/0,33; RRR=0,42

Tratar a un paciente con la terapia A disminuye el riesgo de morir en los tres primeros años de seguimiento un 42%.

NNT= 1/ RAR; NNT = 1/ 0,14; NNT = 7,14

Por cada 7,14 pacientes tratados con la terapia A se evita un fallecimiento, en los tres primeros años de seguimiento, respecto a que hubiera sido tratado con la terapia B.

www.ingramcontent.com/pod-product-compliance
Lightning Source LLC
Chambersburg PA
CBHW071450220526

45472CB00003B/746